U0839480

二度美人

ビューティーブラッシュアップコンサルタント

〔日〕神崎惠　著
郑世彬　译

Watching a lot of beauties, I found these elements

分析之后
可发现美人有这些构成要素

从我懂事开始，我就比任何人都喜欢看美丽的人。后来因为工作关系，我也接触过许多连同样为女性也会深受吸引的“美人”。

过去 38 年来，我不断地观察这些“美人”，并偷学她们变美的秘诀。这让我深信一件事，那就是美人并不是由天生完美的长相与身形所构成的，而是彻底了解自己的每一个部位，并努力让自己看起来像个美人。即便是长相甜美迷人，但若是无法散发出美人的气息，那么看起来也还是个丑女。就是这股气息，才是“美人”的真面目。

亮泽的秀发、白透的肌肤、清澈的双眼、
令人记忆深刻的双唇，
再加上迷人的轮廓，
优美的手指与柔顺的动作，
抱起来感觉超舒服的身体，
像空气般轻柔的语调，
深深吸引人的胸口，线条紧致有型的脚踝，
摄魂般的香味……

这些都是打造美人的元素。
在分析过我过去
所接触的众多美人之后，
我发现每个人都在慢慢地
收集这些“令人变美”的要素，
并且组合出最适合自己，
可让自己看起来最棒的作品。

How beautifully

They collect
each beauty element
and appreciate it

世界上其实没有天生的美人。

美，其实是由自己的努力与表现所集结而来。

如果你想变成一位美人，那不只要改变外形，
还要有效率地琢磨每个人都可拥有的美人要素。

You can be what you want

过去我接触过无数的“美人”，
而从她们身上所偷来的美丽秘诀，

全都集结在这一本书当中。

Get a grasp of
your own
beauty

Now, You will become a beauty

所谓美人，就是具备
每天都能 Happy 度过的才能。
就让我们一起慢慢变美，
并将理想的
梦想、恋情、工作，
通通掌握在手中吧！

女孩们只要有梦想，就一定能成为美人。
只要看过这本书，
就一定能让你过去未发现的美，
在你的体内倍增。

Contents

第1章 发 hair

完美的发型等于完美的时尚……18
让你步入美人殿堂的基本卷度……20
轻柔大卷各种♥变化……22
利用『透亮系』魔力发色，当一个不断电美人……24
打造完美鹅蛋脸与小颜美人的钻石轮廓……26
有亮眼的衣饰就不需抢眼的发型……32
美人不需要『流行的发型』，而应优先追求『适合的发型』……34
追求男女通吃的时尚，通常只能得到要上不下的可爱感……36
立即散发美人光彩！简单的发型变化……38
column 美人不该被湿气击败……42

第2章 脸 face

消除法令纹！……46
只有去角质，才能增加促使肌肤Q弹的胶原蛋白……48
打造清纯眉感，成为走在尖端的美人……50
挑战最新妆感♥眉毛的画法……55
完成洗练妆感的魔法守则……56

化妆时间愈长，妆感愈土 58
打造独特且散发性感气息的肌肤 60
滋润感十足的肌肤绝不可缺美容油・乳液・饰底乳 62
该白的地方变白，就能让你美丽三倍 64
低调地善用蓝色，找回流失的肌肤鲜度 66
表情美人胜于天生之美 68
利用丰润双唇，成为令人无法忘怀的女人 70
美丽的保鲜期 74
打造美人的入浴魔法 76
利用睡眠时间拉开美女与丑女距离的睡眠美容 80
column 学习外语，打造混血娃娃风 82

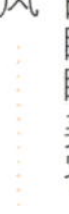

第3章 香氛 *Perfume*

用一闻钟情的方法选择香味 86
虏获男人心的『恋爱之香』打造法 88
美人光环的源头为后调 90
虏获人心之香的隐藏法 92
若不是只属于自己的香味就无意义 94
column 补香的技巧 96

第4章 身体 body

令人不禁想触摸，光滑美背的打造法 100
女性的武器·『迷人胸口』的打造法 104
打造细致颈部的秘诀 106
手肘·膝盖·脚跟的保养法 108
如何打造婴儿臀 110
Kiss能让女人变美 112
column 如何打造抱起来感觉舒服的身体 114

第5章 衣饰 fashion

时尚＝平衡力 118
『瘦』是营造出来的视觉 120
品位＋大胆＝存在感 122
宛如变身般的小脸与显瘦效果 124
高层次的『甜辣成熟穿搭术』 126
简单最能衬托出美感 128
贴身衣物带来的时尚 130
利用衣袖·衣领·裙摆做个回眸美人 132
column 衣物的质地可改变女人的触感 134

第6章 鞋子 *shoes*

无法让自己的脚变美，就没有穿的价值……138
紧致腿感与柔和腿感择其一……140
高跟鞋的高度等于女人的高度……142
从鞋子可看出的女人本性……144
衣服与鞋子完美搭配，完成既甜美又辛辣的穿搭感……146
必备的命运之鞋……148
column 提升女性魅力的魔法之音……152

第7章 姿势 *posture*

改掉驼背，黑斑皱纹立即退散……156
让美进化的姿势……158
边走路边打造腰部曲线……160
性感的S曲线……162
column 『女主角』之路……164

第8章 动作 *behavior*

超越外表的声音 …… 168
打造动人好声音的饮品食谱 …… 170
提升美人力的『前端美』 …… 172
被爱的坏女人 …… 174
让人瞬间变美的『内侧向量』 …… 176
假睫毛与角膜变色片是美丽与刺眼的分界点 …… 178
24 小时都像模特儿般迷人的杂志阅读法 …… 180
高层次感取决于指甲 …… 182
column 散发费洛蒙的开关掌握在自己手中 …… 184

第9章 镜子 *mirror*

12 倍的真实之镜 …… 188
一天照 10 次镜子，所有问题都会消失 …… 190
column 恋爱与镜子、灯光的关系 …… 194

第10章 家饰 *interior*

干净的卫浴空间可养成美人……198
美丽与运气来自于阳台……200
利用可爱的花朵获得可爱的魅力……202
打造理想自我的房间……204
让房间变身的小小魔法道具……206
column 只有全世界最舒服的床才可孕育出美人……208

第11章 饰品 *accessory*

眼镜的魅力……212
小颜秘技……214
墨镜是女人的好朋友……216
拥有就可变成美人的包包……218
column 珍珠的威力……220
Megumi's FURIKAKE……222
message……227

hair

发

决定美人的关键
不是彩妆，也不是衣饰
而是头发

头发最应该注意的问题，就是“掉发”。
只要记得用双手稍微施力抓起头发并做出梳开头发的动作，
就可简单学会时尚美女的高阶技巧与气质。
在用双手抓起头发时，重点是让手指像梳子一般伸直。
与光线融合的润泽发色，加上让脸看起来变小的轮廓，
就可让你开始散发出美人光彩。

vol.1

完美的发型等于
完美的时尚

如果想让自己表现得像高阶的时尚女，首先该改变的不是彩妆或穿着，而是发型。头发可改变你 80% 的视觉印象，这样的说法一点也不夸张。

最理想的头发状态，其实是模特儿或海外名人那种充满质感的发况。看似随意不做作的发型与发况，其实是在精密的设计下完成的。

自然呈现的视觉感、发量，以及恰到好处的质感与柔软度，再搭配适当的服饰，就可散发出绝妙的时尚光芒。

最重要的是，不要过于刻意。过于整齐的发型，或是费尽心机所弄出来的发型，反而往往弄巧成拙。**缺乏“不足感”对时尚而言是致命伤。**不要盯着镜子看，看似随兴抓出的空气感，正是时尚发感的重点。一起动手来改变过于整齐、扁塌及没有立体感的发型吧！

有些人反映“明明就以自然不做作的方式整理头发，但看起来却很落魄”，那是因为少了一个重要的步骤。只要确实带入这个重点步骤，即使是随意地用手轻梳，也还是能打造出充满时尚感的气息。

接下来，我将告诉大家这个重要的步骤，也就是所谓的“基本卷度”。

让你步入美人殿堂的
基本卷度

接着来谈基本卷度的打造法。重点就在于混合内卷与外卷。直发卷烫器的宽度与烫卷的发量会影响头发的卷度。最常用的直发卷烫器[A]宽度是25~26mm。使用这个宽度的直发卷烫器时，发量多可烫出大卷，发量少则可烫出小卷，一机两用，特别推荐大家使用。

1. 将脸部周围的头发集中成束，并从略高于太阳穴的位置，使用直发卷烫器以内卷的方式卷一圈。

2. 在完成步骤1的内卷动作后，再重新夹住同部位的头发，并以外卷的方式卷一圈。

3. 接着抓起旁边的发束，这次先以外卷的方式卷一圈，之后使用直发卷烫器重夹后，再以内卷的方式卷一圈。像这样，为脸部两侧与头后的头发打造基本卷度。像这种混合两种卷法的方式，可呈现出自然的异国风情。这里最重要的一点，就是脸部周围的发尾，在最后要以内卷的方式完成。如此一来，就能在柔和的感觉中凸显优雅的感觉。

4. 用手指拈起卷后的头发，轻轻地拉动头发，让头发的卷度变小，如此一来就可完成自然的卷发感。另外，用梳子轻轻梳开卷发，就可打造出柔和的法式卷发。这里有个很重要的注意事项，若是不整理一下卷后的头发，将会让你散发

A Ion Curling Iron（CREATE ION）26mm
Air × Create Ion Curling Iron（CREATE ION）ST382C 30mm

轻柔大卷

各种♥变化

BASIC
基本卷法

卷烫器宽度 *25~35mm*

让同一把发束拥有内卷与外卷的卷度，就可打造出自然的质感。最重要的一点，在于相邻的发束要以相反的方向烫卷，这样就能显得较不规则而增添自然的感觉。

出一股泡沫经济时代的老土味。另外，卷烫器夹住头发的时间与温度不同，也能打造出不同的视觉感。

对于初学者或是手较不巧的人，我较推荐使用三管电发棒卷烫发夹[A]，如此一来任何人都可轻松打造出大卷发。

A TSUYAGLA WAVE

混合直发毛束与卷发毛束

卷烫器宽度 *25~32mm*

在用梳子梳开头发后，
可展现出不同的风格。

超宽卷烫器多发量毛束大卷

卷烫器宽度 *38mm*

只有发尾内卷，
从中段混合外卷。

混合小毛束卷发

卷烫器宽度 *25~32mm*

从发根做直卷，再接着
从发根混合内卷与外卷。

混合多发量毛束与较小毛束

卷烫器宽度 *32~38mm*

混合不同发量的毛束，
即可打造出不同的视觉印象。

利用“透亮系”魔力发色，当一个不断电美人

看到发色透光且充满空气感的女孩时，您是否也会感到心动呢?

无论是短发、鲍伯头或长发，极具吸引力的美人都拥有一项共同的魅力特点，**那就是具有透亮感且柔和的发色。**而这种发色，就是所谓的“ASH 系发色”。

像是阳光融入头发般，充满滋润与光泽感的 ASH 系发色，可在拨动秀发或是转身的瞬间，让头发在摆动的同时散发出充满水润的透明感。这种光泽与黑发不同，是一种像是外国女孩般的轻柔透亮感。这种“透亮色”，可压抑日本人肌肤容易出现的红色或黄色调，也能消除直发、硬发及厚重发的视觉感。

迈向美人的捷径，就是先找到适合自己的“ASH 系发色”。由于每个人的肤色与发质不同，因此适合的发色也不一样，请先根据自己的发型与头发长度，来尝试选择不同的发色。当您到美发沙龙时，只要向设计师指定自己要染“具有透亮感的 ASH 系发色”，接着再明确说明“我想打造出〇〇的感觉”“我想让肤色看起来更〇〇”或“我想让脸的形状与大小变得〇〇”，那么完成后的美感就会更加提升。

打造完美鹅蛋脸与小颜美人的钻石轮廓

说到女孩们一辈子追求的目标，就是完美的鹅蛋脸，以及单手就能完全遮住的小脸。然而，不管再怎样努力地瘦身，或是撒下大把钞票整形，这样的目标似乎都不是那么容易达成。简单地说，除非是接受重大的整形外科手术，否则这样的目标几乎无法达成。

不过这样的难题，只要掌握一个法则，其实还是能够得到解决的。

那就是钻石轮廓。

所谓钻石轮廓，就是让头发的轮廓从正面看来，像是纵向的菱形一般。也就是说，头发的最顶端[A]、左右最宽的位置，以及左右锁骨中央等四个点连线后，要成为一个完美的菱形。

最理想的形状，就是头发顶端要蓬松，而左右两侧的发量要充足，最后再加上左右锁骨间的纤细线条感。只要打造出颈部一带的曲线感，就可完成所谓的钻石轮廓。

除正面之外，为使侧视与后视状态下，都能维持完美的菱形，关键在于让头顶的头发维持一定高度。

A 蓬蓬粉：Osis Dust It

钻石轮廓

四个点连起来后的菱形，
才是最理想的形状。

小颜魔法的法则

接下来，让我们一起了解什么样的脸形，要搭配什么样的发型，才能够打造出钻石轮廓吧！

圆脸……双颊看起来偏大的圆脸，建议减少刘海的长度。如此一来，头顶的头发高度就会足够。简单地说，只要加上纵向元素，就可让圆脸更加接近钻石轮廓。这时候的打造重点，在于让头部两侧的头发落在颧骨上，同时抓出数个空隙让额头隐约外露。过短、过少的头发与过直的刘海，都会让圆脸看起来更圆，因此可说是圆脸大忌。

反之，就是不要刻意让刘海切齐盖住额头，而是要留长并沿着脸颊线条自然落下，如此一来就能打造出成熟又可爱的小脸视觉感。

三角形……接近完美鹅蛋脸线条的三角形，应避免会让脸部看起来变小的发型。由于三角形脸较尖的下巴，会使人看起来不够温和，因此建议在刘海抓出不明显的发线，同时加入自

然的跃动感。如此一来，就可打造出女人味十足的温驯感。另外，若是在颈部周围打造出柔和的大卷，则能让女人味更加升级。

四角形……为缓和僵硬的线条感，重点在于打造有点斜度的刘海。另外，若是增加头顶的发量，并让头发盖住脸部周围，则能够增加曲线感及跃动感，同时散发出柔和的女人味。反之，过于服帖的刘海及明显的发分线，则会强调出腮部与头部左右的突出部位，因此要特别注意。

长方形・长脸……为了掩饰长脸的视觉感，重点在于留长刘海，同时稍微将刘海拨到头部两侧。最完美的做法，就是将刘海拨到耳朵旁。若是让刘海有点卷度，而不是平直，那么就可打造出另一种华丽的视觉感。由于中分会让脸部看起来更长，因此要尽量避免这样的发分线。

蛋形……最为理想的脸形。蛋形脸的女性可配合眼睛的大小调整刘海长度，或是通过不同的发型设计，来强调出自己想凸显的部位（例如眼睛或嘴巴），借此让自己变得更迷人，同时提升自己美的力量。或许在各种尝试当中，你也可以发现能让

脸部看起来更小的方法。

头发的各个部位，都拥有不同的视觉改善效果。例如刘海可强调眼部魅力并让脸部看起来更小。另外，脸部周围的头发除了小脸效果之外，也能调整脸部轮廓线条。你的脸部形状适合哪一种发型呢？请尽情地多方尝试，找到属于自己的美丽发型，摇身变成令人心动的美人吧！

有亮眼的衣饰就不需抢眼的发型

美人最厉害的地方，就是善于取舍。

在婚宴上，经常可见精心打造抢眼发型的女孩，其实这真的是相当令人感到可惜的地方。大波浪卷发、盘起头发后残留于颈部的较短头发、在高高隆起的头发上撒亮粉，这些都会令人看起来显得落伍、俗气及没有品位。**若想成为时尚美人，最重要的是学会巧妙搭配发型与服装。**

服饰与发型之间的关系，其实也蕴藏着时尚搭配法则。

那就是服饰与发型呈反比例法则。简单地说，就是有亮眼的衣饰就不需抢眼的发型，反之，有抢眼的发型就不需要亮眼的衣饰。

参加宴会等特殊日子，通常是最容易出错的时候。在遇到这类场合时，不应该做太多搭配上的新尝试。与其加入一堆美的元素，不如换个角度舍弃不必要的东西，借此衬托出具有个人风格的美感。独特的时尚光环，是来自于有品位的自然感。其实在优雅的气息与不做作的感觉下，才能散发出一股淡淡的性感。

法国女星及海外名媛的宴会装扮，其实都是相当重要的参考素材，因此要记得随时追踪相关信息。另外，若想成为黑发的亚洲美人，则建议多加注意韩国或中国台湾地区女星的整体穿搭术。

美人不需要“流行的发型”，而应优先追求“适合的发型”

美人应该鼓起勇气，尝试寻找出适合自己的发型。其实选择发型的时候，往往需要充分的勇气。

最大的原因，就是流行的发型和适合自己的发型往往是两回事。除了发质与脸形之外，个性、喜好、兴趣、喜爱的衣饰风格等打造内在之美的元素，也是选择发型的重要参考依据。在众人选择“流行的发型”时，美人往往舍弃“流行”，而选择“适合”自己的发型。

对于美人而言，客观的眼光最为重要。其中，发型更是需要重视的关键。**在打造完美美人的各项条件中，合适的发型具有相当大的影响力。**

各位可以尝试使用发型APP，或是自己拍下照片后，再询问身边人的意见。除了同性好友之外，也别忘了问问男性朋友们的看法。当然，最重要的是询问发型设计师的专业意见。另外，若有人说自己像某位艺人，那么仔细研究该艺人的发型，也能够让自己变得更美。

其实有时候，第三者的意见，是让自己散发全新魅力的最佳契机。

追求男女通吃的时尚，
通常只能得到
要上不下的可爱感

每位女孩都想了解男孩，但男孩却是如此难以理解。

精心上好指彩后，男孩们竟然说“好恶心呀”。化好几近完美的脸妆，男孩们却说“你今天累了吗”。反之，随兴化个淡妆，男孩们反而会夸奖说“今天的你看起来好可爱”。真的，男孩们真的好难懂。

无论是衣饰、脸妆，或者是脸形、胸形及腿形，这个世界上几乎所有的事物，都有所谓的男性取向及女性取向之分。其中最具影响力的部分，就是我不断强调的发型。从某个层面来看，其实发型代表着一个人的形象。简单地说，就像是一家店对外呈现的招牌设计一般。

日本最具代表性的顶尖时尚专家们都提出，“今后的高层次美人，都应该从众多选择中，抉择出男性取向或女性取向的发型”。**也就是说，若是想要男女通吃，往往无法让自己真的变可爱迷人。换言之，贪心的女人最后也只能变成一个平凡的美女。**

女性取向发型的重点，在于舍弃不确定的风险，并增添具有个性的元素。至于男性取向发型则是重视安心感，千万不可过于冒险挑战。令人感到安稳且具疗愈感的柔和感，以及让人想要用心呵护的柔弱感，才是抓住男人心的关键。在男性取向的发型中，其实“精心设计的普通”才是“一点也不普通的可爱”。

立即散发美人光彩！

简单的发型变化

自然发辫

1

将拉到侧面的头发编个两三段。如此一来，在步骤3拉松发辫时，可防止发辫整个松开。

2

剩余的部分，编成较松的三股辫。

3

拉动部分发束，借此拉松发辫。当较松且大的三股辫成型，就算大功告成。

刘海曲卷
可爱女孩风

1

先整理出较厚的刘海发量，再以7：3的比例分成左右两边。接着发量比例较多的部分再分成两半，并编成较松的两股辫。

2

耳上的头发用发夹固定后，再调整发辫部分的松紧度与高度。

1

将头发简单地编上两三段之后，再以三股辫的方式编到发尾。

2

用手指头拉松发辫之后，再用发带固定头发。

松发辫的
down style

1

逆着发流拉起刘海后，再用手简单抓出马尾。利用手指抓出头发的高度。

2

将毛束分成两半，并简单地编成两股辫。

3

让发束散发出蓬松感。首先卷好发尾，接着再用橡皮筋或发夹固定。

蓬松轻柔的马尾辫

固定于侧面增添女人味

1

将发束固定于自己喜欢的脸部那一侧后，再用手卷起发束。

2

使用发夹将发束固定于耳上之后，再别上发饰。

柔和的蓬松发髻

1

用双手在侧面编发束，接着拉出侧面与头顶的头发，打造出自然不做作的感觉后再卷起发束。

2

将卷好的发束绑在打结处。

3

使用发夹固定，最后再拉松发髻的部分。

蓬松及肩
固定两侧

1

以逆发流的方式拉起头顶与刘海的头发，并在顺着发线分成左右两半之后，各以两股辫的方式在太阳穴的位置编发束。

2

将发夹固定于耳上，再把表面的头发拉松。

3

最后再拉松编好的头发，打造自然的蓬松感。

蓬松发型
加盘发变化

1

拉起头顶的头发，将整体分成左右两半。接着再以两股辫的方式编好左右两侧的头发。

2

像是包围住发尾一般，使用发夹将头发从中央往反方向固定。

3

另一侧也以相同方式固定，接着再利用颈部未绑成束的头发，或是拉松发束的方式来打造出自然的蓬松感。

Hair in rainy days

美人不该被湿气击败

下雨天总让头发状况百出。但身为一个美人，必须悄悄运用一些技巧，让自己无论是在风雨还是下雪天，都能够维持完美的状态。

虽然不同的发质会有不同的秀发问题，但只要减少头部两侧的发量就可改善大部分问题。在使用发夹固定住头顶的头发后，再使用吹风机搭配卷梳，针对头部两侧的头发进行吹整即可。

若是无法维持卷度的直发，建议以卷起部位为中心，喷上固定力较强的造型喷雾，如此一来就可完成角度完美的卷度。

对于自然卷的人而言，头发干燥后是一决胜负的时间点。建议卷发者在稍微吹干头发之后，再用手指一边拉动卷发部分，一边吹干头发。若是卷发不易于吹直，建议先涂上避免头发乱卷翘的造型品之后再进行吹整强化。

对于头发总是紧贴头部的人而言，吹干头发的方式也是关键所在。建议这样的人在吹整头发时，将手指插入头发根部，并以拉起头发的方式吹干头发。特别是对头顶及头后的头发，这个步骤显得格外重要。

若想打造出烫发般的蓬松感，则可以将卷发用的造型品置于双手，接下来将头发置于手掌，以手掌包覆发丝的方式轻轻拉起头发。通过这样的方式吹干头发，可打造出轻柔的卷度感。若是发丝缺乏光泽，则需要在头发全干前使用护发油。一般而言，选择较无黏腻感的护发油最为适合。

对的眉型
可让脸散发流行的气息

眉毛，是反映每个年代的流行指标。你的眉型，是不是停留在过去的时代呢？

就让我们通过化妆的魔力，来打造心中完美的脸部视觉吧！

从出生的瞬间开始，我们的肌肤就会不断地变得暗沉。但只要巧妙活用蓝色，就可自由自在地打造出透明感与润泽感。相信你也能够拥有宛如婴儿般柔嫩白皙的肌肤。

vol.2

消除法令纹!

法令纹让绝世美女闻风丧胆，对女人的破坏力可说是极为强大。在小朋友的画作中，老爷爷及老奶奶的脸上一定会有法令纹，由此可以证明，法令纹是相当关键的老化特征。即使是同一张脸，只要加上两条直线，就可在瞬间变得苍老。

不过法令纹真正的骇人之处，其实隐藏在另一个看不见的地方。那就是愈是气质出众、愈是年轻貌美的人，这两条线所带来的杀伤力愈是强大。对对自身外观不重视的人而言，或许可以很自然地接受法令纹，但如果这两条线出现在美人脸上，那么美好的动人画面将会彻底瓦解。这，就是法令纹最使人感到害怕的地方。

身为一个女人，消灭法令纹是与生俱来的义务。一旦法令纹形成，恐怕就只能通过注入玻尿酸的方式来解决。正是因为如此，每个女人都必须及早正视法令纹的问题。法令纹是什么？其实法令纹是脸颊及嘴巴周围的肌肤松垮所形成的。因此每个女人都要记得**彻底做好防晒工作，摄取维生素A、C、E**[A]**，维生素B_1、B_2、大豆制品及优良的蛋白质来守住胶原蛋白。**

温热身体、脸部及头部，预防代谢力下降也是很重要的注意事项。还有，温冷护肤的效果也不错，同时也严禁会导致肌肤松弛的驼背与扑克脸。在这里推荐大家使用锻炼嘴部周围肌力[B]的小物件。

B Patakara "SLIM MOUTH PIECE SUPER STORNG"

A A：红萝卜、南瓜、鳗鱼、菠菜、番茄；C：青花菜、花椰菜、红甜椒、柿子、草莓、奇异果；E：酪梨、杏仁果、糙米、罐装鲔鱼、鳕鱼子

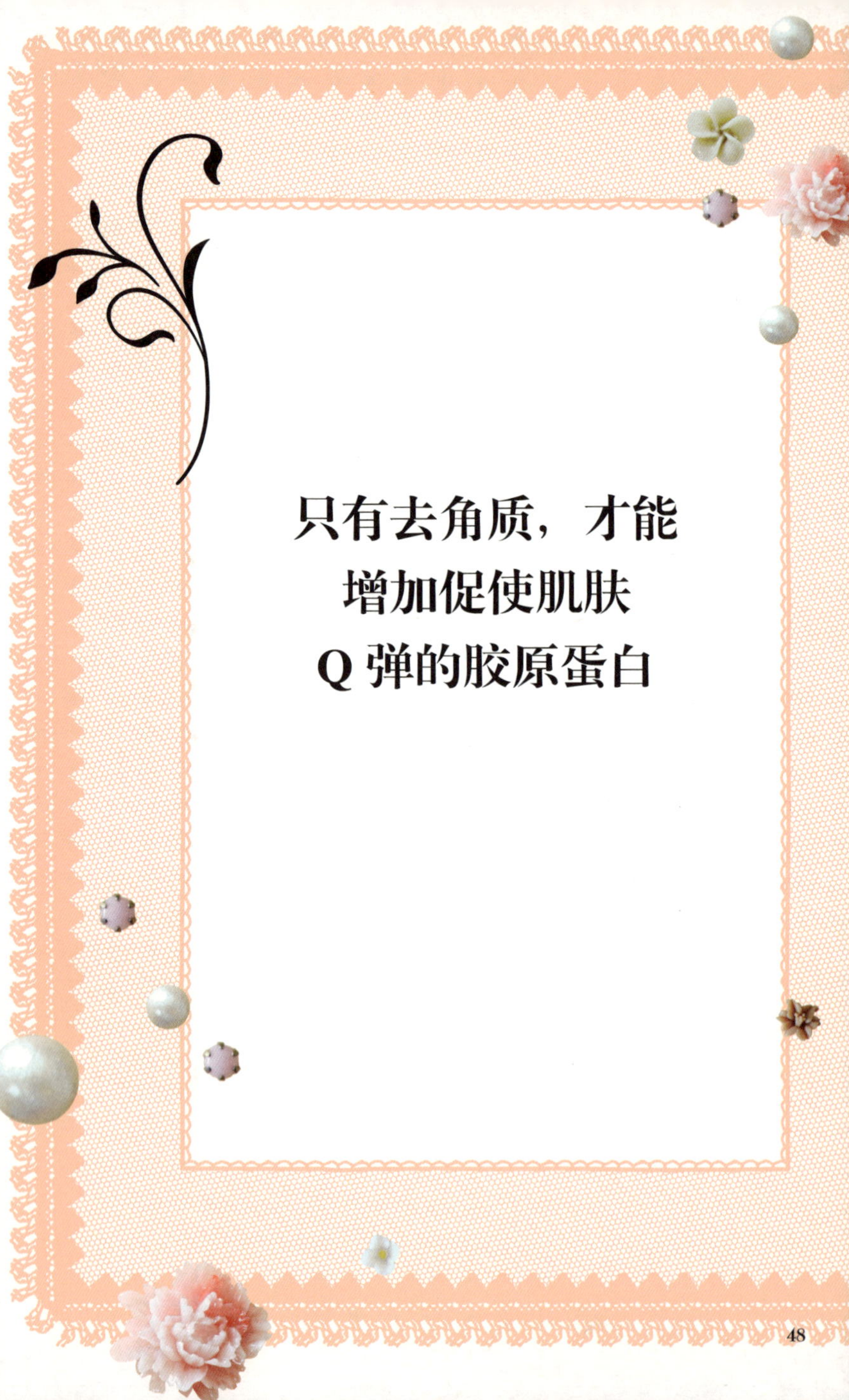

只有去角质，才能
增加促使肌肤
Q 弹的胶原蛋白

相信许多想让肌肤变美的人，都会选择补充胶原蛋白，但很可惜的是，从嘴巴吃进体内的胶原蛋白，并没有办法确实进入肌肤当中。人们一直认为可让肌肤变Q弹的“胶原蛋白”，实际上的功效却只有“心理效果”而已。

不过，还是有促使胶原蛋白增加的方法的。

那就是去角质。

所谓去角质，其实是稍微去除表面肌肤，借此促进肌肤再生的方法。只要肌肤再生，不只是肌肤变透亮、毛孔缩小以及肤纹显得更细致，而且能帮助排出黑色素，并防止皱纹产生与肌肤松弛。同时，肌肤会变得不易形成痘痘，而且过去形成的痘疤也会变淡。**虽然已经形成的黑斑及细纹无法消除，但如果及早发现的话，还是能在初期阶段，利用去角质的方法加以淡化与去除。**虽然医学美容的效果会较为显著，但居家的去角质美肤方法也能发挥明显的美肌效果。

这里推荐选用标注添加AHA（果酸，特别推荐甘醇酸）成分的洁颜或冲洗式面膜商品[A]。若使用时有些微刺激感，这才是效果恰到好处的感觉。由于去角质后的肌肤会暂时变得敏感，因此防晒及保湿的工作不可忽视。

A Cleansing Research Soap、HELENA RUBINSTEIN PRODIGY Re-PLASTY PEEL MASK、Sunsorit Skin Peel Bar

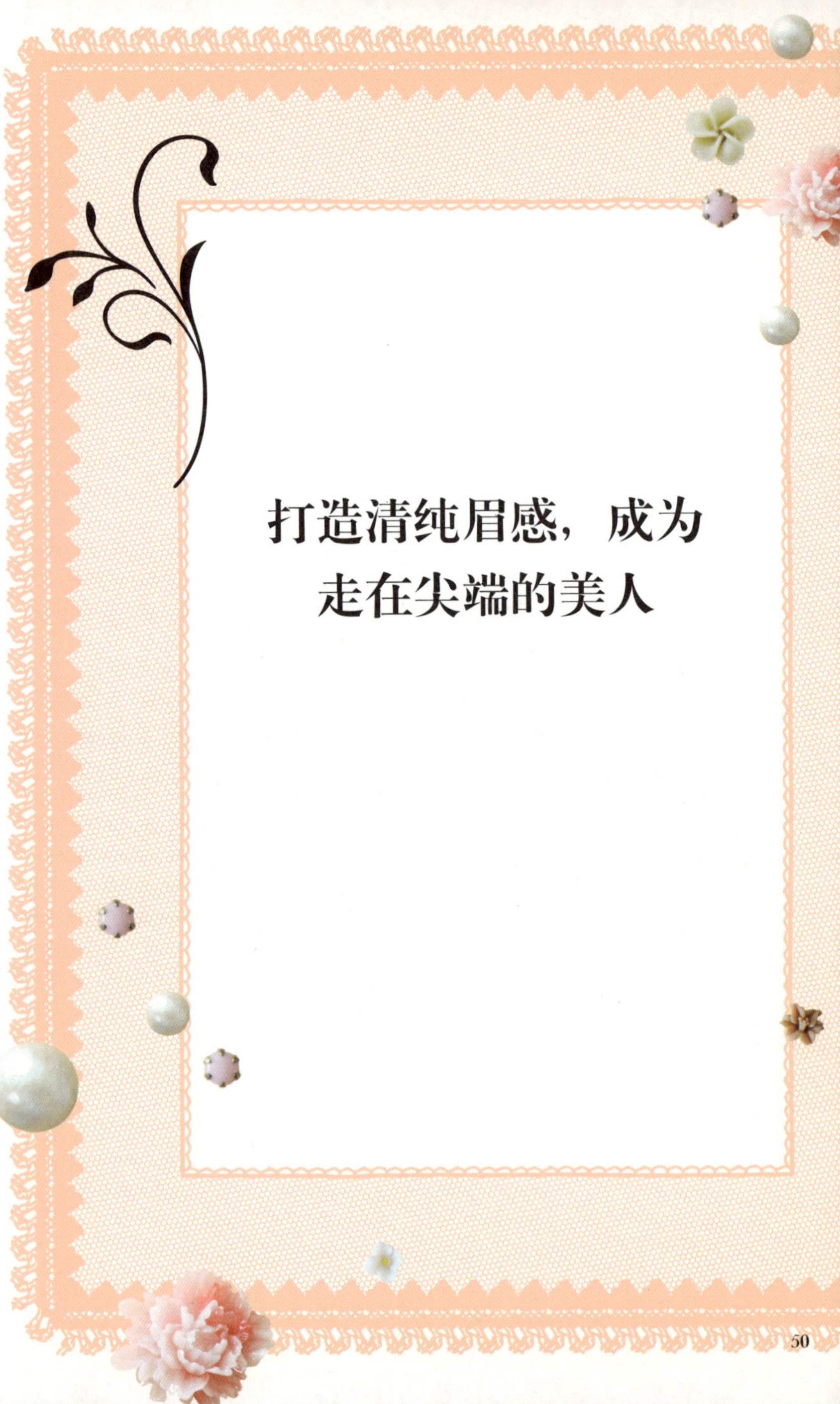

打造清纯眉感，成为走在尖端的美人

最近可爱的女孩变多了，其实是美眉的绝对条件变了。

眉毛改变脸部整体视觉印象的力量相当强大。正因为如此，只要眉形完美，就可让自己看起来变美。不过眉毛的左右平衡很难拿捏，而且修眉也可能修过头，因此完美对称的眉形其实相当难得。

不过最近流行的美眉法则，却是女孩们的好朋友，实践上一点难处也没有，甚至不需要修眉就能拥有过人的眉妆品位。

最适合的眉毛，其实是活用自己原有的眉毛，并使其呈现蓬松的视觉感。

这种眉毛的最大特征，就是能让人感到“朴素”的清纯感。

清纯眉妆的必要条件包括：眉色比发色明亮两个色调、使用浅棕色眉粉[A]及同为浅棕色的眉膏[B]。在眉粉的部分，建议选用同时有深浅两色的眉粉盘。由于眉膏内的珍珠亮粉会让眉妆过度抢眼，因此务必选择未添加珍珠亮粉的眉膏。其实未添加珍珠亮粉的眉膏，反而能够凸显出眉毛柔和的立体感。

除此之外，轻柔的浅棕色也能让肌肤更具透明感，而且浅棕色还可淡化肌肤粗糙的视觉感，因此可给人一种肤质完美的印象。

B RIMMEL PROFESSIONAL EYEBROW MASCARA

A PAUL & JOE Eyebrows Powder、naturaglace Eyebrows Cocoa、Les Merveilleuses LADUR？E Eyebrows Pallet

那么，接下来让我们一起来完成美眉妆感吧！请搭配文字，参考 P55 的照片。

1.一开始先使用眉刷或棉花棒，一边整理眉毛的毛流，同时去除残留在眉毛上的粉饼或蜜粉。

2.使用眉刷沾起较亮的眉粉后，轻拍持有眉刷那只手的手背，将多余的眉粉震落。这时记得要让眉刷从里到外都确实黏附眉粉。

3.不是从眉头，而是从延长线对齐眼头的眉毛部分开始，从内侧往眉峰的方向在眉下画出眉毛。这时候若是刻意稍微画出边线，就可画出较粗的直线而让眉型散发出清纯感。

4.眉峰到眉尾的部分，顺着毛流刷上较暗的颜色。

5.眉色不均的部分，则使用眉刷轻轻地且慢慢地补色。

6.从眼头上方到以脸为中心的眉头部分，则使用眉刷将残留的眉粉晕开。在这个时候，绝对不可以使用眉刷再沾上新的眉粉。如果沾上新的眉粉，会使眉头的颜色过浓，反而变得不自然。

7. 利用瓶口轻压或是用面纸轻沾的方式，去除眉膏刷上多余的眉膏。最完美的状态，就是可清楚看见每一根刷毛。

8. 以逆着毛流的方式，从眉尾朝眉头涂眉膏。如此一来，才能让每一根眉毛都确实染色。

9. 接着再从眉头朝向眉尾，一边刷顺眉毛，一边染色。最后利用眉膏刷毛，让眉头的眉毛朝向额头立起，就可打造出少女般的清纯感与自然的眉妆感。

利用这种方法，可在不修剪眉毛的情况下强调出眉毛的毛流，因此可打造出婴儿般的清纯眉感。淡且柔和的眉毛，可让眼睛看起来更大。只要让眉峰维持圆滑无棱角的曲线，就可散发出柔和且自然的视觉印象。此外，眉尾之外的部分，则是画成相同的粗细，而眉尾则不可以超过联结嘴角与眼尾的延长线。

若是眉毛过长，将会强调出优雅的气息，反而会使清纯度下降。

只使用眉粉所完成的眉妆，可呈现出一种柔和的不足感。在讨论头发的单元中我也提过，“不足感”是成为一位美人的重要关键。

从眉峰到眉尾的底边细毛不要刮除或拔除，因为这些细毛对于当今美人而言，可说是打造清纯感时不可或缺的重要特色。

\ 挑战最新妆感♥ /

眉毛的画法

1 使用眉刷，
顺着毛流刷齐眉毛。

2 准备沾好眉粉的眉刷，
轻拍手背震落多余的眉粉。

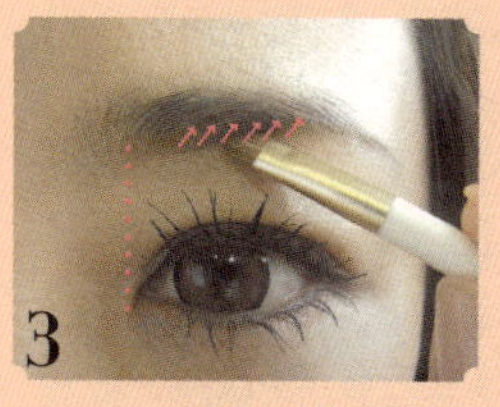

3 以直线方式顺着箭头部分，让眉毛呈现较粗的视觉感。

4 顺着毛流从眉峰到眉尾，
刷上较暗的颜色。

5 用轻点的方式补匀颜色不均的部分。

6 顺着毛流晕开眉峰。
千万不可再沾眉粉补色。

7 准备眉膏。判断眉膏含量为最佳状态的基准，就是刷毛根根分明。

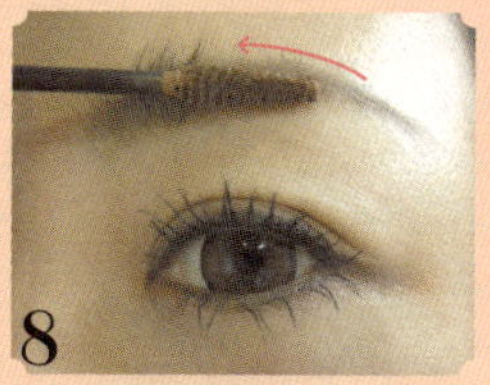

8 逆着毛流刷上眉膏。

9 最后顺着毛流，
一边刷齐眉毛一边染眉。

完成洗练妆感的魔法守则

彩妆大致可分成两种类型。

一种是让人变美的彩妆，另一种则是让人看起来变时尚的彩妆。

这两种彩妆，是风格迥异的类型。因此在化妆之前，一定要先问问自己，今天想要呈现怎样的类型。

“今天要变美人好呢，还是感觉时尚好呢？”

只要先问过自己，化妆时就不必再烦恼。不犹豫的妆感，才能让女孩变得更洗练。

不知各位有没有发现，在许多美容杂志或女性时尚杂志中，都可见许多让人变身成美人的化妆技巧教学，但不常见到那种可让人变时尚的彩妆资讯。

在下一个单元当中，我将公开模特儿、时尚专家、设计师及彩妆大师等时尚界的重量级人物，看他们是如何展现时尚感十足的妆感的。接下来就让我们深入了解那些只有时尚名人才知道，而且能让人变得时尚的化妆术吧！

化妆时间愈长，妆感愈土

时尚妆感的不二法则，就是不过于完美。

例如像是在涂墙一般，将眼影、眼线、假睫毛、睫毛膏全都弄到脸上，认为只有这样才可称作是完美的彩妆。然而可惜的是，这样的彩妆不管配上多可爱的衣饰，最后只会让自己看起来显得过气，一点也没有时尚的感觉。

有个很重要的法则，那就是愈强调脸部的视觉印象，看起来会愈不具时尚感。

时尚脸妆的重点，也是所谓的“不足感”。其中,“肌肤”最为重要。

首先，建议选择轻透可见原有肤感的超薄妆感粉饼[A]，或是加上润泽系饰底乳[B]、美容液[C]、乳液[D]，还有蜜粉[E]来做好打底工作。当然，肤况较不佳的部分可以使用遮瑕膏来做修饰，但千万不可以修饰得过于完美无瑕。对于雀斑及黑眼圈，则是选择不完全遮盖来展现自然妆感。这种宛如未上妆般的“不足妆感”，其实才是营造出时尚感的重点。

另外在局部彩妆方面，将重点摆在其中的一两处，才能真正营造出时尚感。只要找出重点中的重点，其他部位轻轻带过的话，就能让肌肤原有的光彩显得更加洗练。

D SKII Stem Power、ALBION EXAGE MOIST CRYSTAL MILK、Impress Refining Emulsion

E CHICCA POWDER FUNDATION、SONIA RYKIEL FRESHLUCENT POWDER、naturaglace UV Chiffon Powder、COSME DECORTE AQ FACE POWDER N

A CHICCA RAVISHING GLOW SOLID FOUNDATION、IPSA Pure Protect Liquid Foundation EX

B CHICCA RAVISHING GLOW MAKEUP BASE SHIMMER、ALBION EXCIA AL MAKEUP SERUM

C SKII Cellumination Essence EX、chant a charmHerbal Skin TreatmentMilkgel、HELENA RUBINSTEINPRODIGY PC SERUM

打造独特且散发性感气息的肌肤

身为女人，必须经常散发性感魅力。

若是没有迷人的性感魅力，就无法算是一个美人。我们所应该追求的魅力，其实是一种清纯且高雅的魅力，而这样的魅力，则是来自于**健康的湿度。**

比起前一阵子流行的“可爱性感”而言，其实美人适合更清纯且优雅的湿润感。大胆露出身体肌肤，外加撩人的性感动作，只会让人看起来显得低俗没有气质。所谓的性感，应该像蒸汽一般从体内缓缓冒出，是一种更有深度的感受。

真正的性感，追求的是不经意地露出深藏的魅力。真正的性感并非主动进攻，而是让对方自然而然地想保护自己。

这样的性感魅力看似难以达到，但所有性感的女孩都拥有一个共同的特点。

散发出性感气息的女孩，其实肌肤都带有独特的湿润度。像是费洛蒙的物质，便会透过这种独特的肤质向外散发。

最重要的注意事项，就是隐藏这种肤质魅力的技巧。在下一个单元当中，我将传授大家如何打造这样的魅力肌。

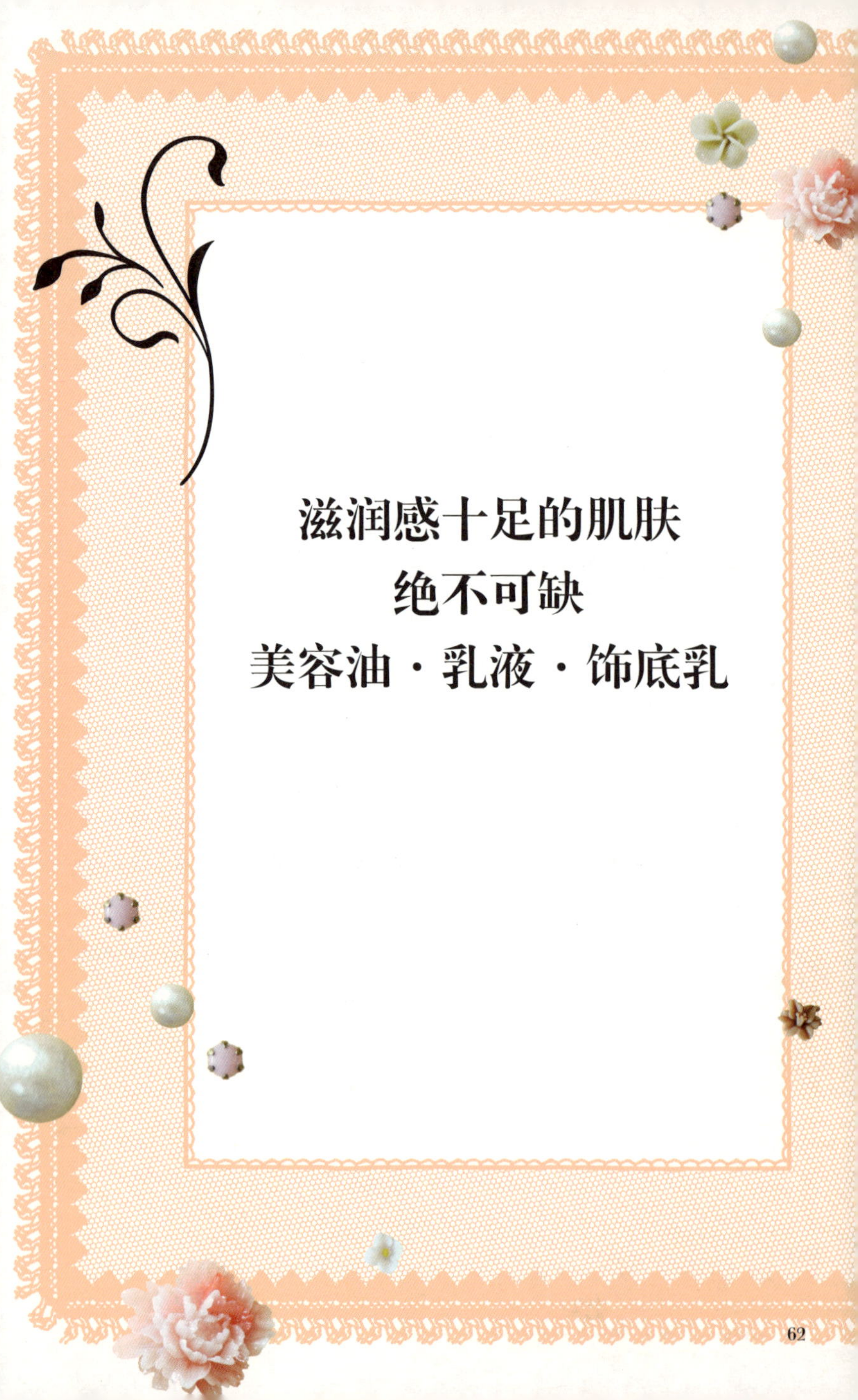

滋润感十足的肌肤
绝不可缺
美容油·乳液·饰底乳

散发出具有魅力湿润感的肌肤，其实是一种不算完美的肌肤。相对地，反而要让自己想遮掩的部分显露出来，也就是打造出毫无防备的肌肤。这时我们需要的是美容油[A]、乳液、饰底乳[B]及蜜粉等四项武器。在饰底乳方面，若想展现柔和的肤感时就选择粉红色，但若想打造出透明感则要 1 ： 1 混合粉红色与蓝色。

首先，使用温水使肌肤湿润后（蒸汽机或温毛巾亦可），先别急着用毛巾擦干水珠，而是运用双手将水珠轻轻按压渗入肌肤。接着，在手心滴入数滴美容油，并在搓动双手加温后，轻轻地在整个脸部做按摩动作。在美容油渗入肌肤之后，就可打造独特的湿润感与光泽感。接下来将乳液涂抹全脸后，再用手掌仔细地按压。**能让肌肤亮白 Q 弹的乳液，在打造高滋润肌肤的过程中，也是不可或缺的重要元素。**之后，再将具有透明感的粉红色饰底乳擦在脸上。在上饰底乳时，要注意让手指保持一定的温度，借此帮助饰底乳能更服帖于肌肤。最后，为防止出油而让自己瞬间变丑，要在眉间、法令纹及鼻翼等部位上好蜜粉。只要这几个简单的步骤就可以。

抛弃粉饼，只靠饰底乳来让肌肤、光线及体温合而为一，这样就可打造出具有“不足感”的裸肌妆感。另外，能让肌肤一整天维持滋润且不脱妆的神奇效果，也是只用饰底乳的彩妆术特色。

B 粉红色系饰底乳：RMK CONTROL COLOR N02、IPSA PURE CONTROL BASE EX PINK、ADDICTIONPRIMER GLOW

A Trilogy Rosehip Oil、Lumiere Blanc GraceARGAN OIL、Yonka Serum

B 蓝色系饰底乳：RMK CONTROL COLOR N03、IPSA PURE CONTROL BASE EX BLUE、naturaglaceCOLOR CONTROL PUREE BL

该白的地方变白，就能让你美丽三倍

有个法则可让人看起来像个美人。简单地说，只要让该白的地方变白，任何人都可以美丽三倍。

举例来说，请先准备两张露出牙齿的微笑照片，并将其中一张照片的牙齿及眼白涂成黄色，而另一张则是将相同部位涂成白色。如此一来，就可清楚分辨出两者之间的不同。牙齿及眼白涂成黄色的照片，会给人一种没有洁净感的视觉印象，甚至会给人一种丑陋的感觉。另一方面，牙齿及眼白涂成白色的照片能使人看起来可爱数倍，甚至是多了一股洗练感。

不管五官多精致出众，只要这两个部位颜色不对，就会立即呈现出负面的视觉感。因此聪明的女孩，都知道要活用白色的视觉效果，来成功地让自己看起来更美。

若想成为一位出色的美人，就必须让该白的部位变白。

过去几年，我一直在追寻能够让肌肤变白的方法，在这里推荐一样好东西给各位。这样好东西就是据说能让眼白变白的“决明子茶”。只要搭配洗眼的习惯，自然能让眼白变得像婴儿一般白中带蓝。另外，在约会之前也建议使用眼药水[A]改善眼白不够白的问题。如此一来，每个人都能亲自体会白色的威力有多强大。

水汪汪清澈的双眼，可以说是女人的重要武器。除此之外，也建议各位平时确实打造亮白的牙齿[B]，并且定期接受牙医的诊察。

B Crest 3D WHITE　　A Visine 充血 Clear

低调地善用蓝色，找回流失的肌肤鲜度

不仅是新鲜，而且摸起来柔软还散发出迷人的香味。其实每个人都喜欢新的东西。

在重视鲜度的现代社会中，每位女性都应该拥有名为清纯的武器。随着年龄不断增长，女人会变得更有韵味，但清纯的感觉却会愈来愈淡。正因为如此，散发出清纯感的成熟女性更显得特别。其实只要在眼妆上用一点小技巧，就可以让人看起来显得清纯。只要掌握住这个诀窍，就算再累的日子也能让肌肤在瞬间变得白皙。其实，这其中的关键就在于善用蓝色。在这里，介绍给各位三种简单的技巧。无论是哪一种方法，都具有相当显著的效果。当然，你也能够自由搭配这三种技巧。

第一种方法，就是将浅蓝色眼影膏作为底妆[A]，涂在眼皮及眼袋处。只要轻轻一涂，就可打造出充满透明感与水润感的眼妆。除了眼影之外，也可以改用蓝色的控色饰底乳。

第二种方法，就是在上下眼皮内侧涂上蓝色[B]。上眼睑应选择深蓝色，而下眼睑则选择水蓝色较具效果。那股带有湿润感的忧虑气息搭配天真无邪的眼部视觉感，会使人印象相当深刻。

最后一种方法，就是在眼头加入蓝色元素。简单地说，就是在眼头呈现＜状的部位轻轻涂上带有珠光感的水蓝色眼影[C]。如此一来，就可打造出宛如泪水打转般的水润大眼感。

C THREE Shimmering Color Veil 33、Anna Sui Double Eye Color 03、IPSA Eye Color Contrast A15

A RMK Crayon & Powder Eyes 03 light Blue

B 上眼皮：ADDICTION Eyeliner Pencil Night Dive、MAC EYE KOHL BLOOZ
下眼皮：RMK Crayon & Powder Eyes 03

表情美人胜于天生之美

除了异性之外，在工作与运气上也备受瞩目是身为美人的特权。

不过，比起天生之美而言，表情美人要更受喜爱。其中，像孩童般的可爱表情更是特别受到喜爱。不断改变的表情，不仅可让人显得可爱生动，还能使人感受到内心情感丰富的一面。

我有一位朋友自称是“抢手的丑女”。朋友认为“表情可掩饰所有的脸部缺点”。说穿了，就是表情可彻底展现一个人的魅力。的确，她那纯真无邪的表情堪称人间绝品。

圆滚滚且不断改变大小的眼睛，加上活动自如且变化多样、令人叹为观止的嘴部，光是看她不断变化的表情，就会令人感到幸福，这真的非常不可思议。周遭的人看见她的表情，就会不知不觉地受到吸引，而内心也会随着她的表情舞动。

这，就是表情美人的魅力所在。能够让人感到幸福的人，才会受到他人喜爱。在这里需要注意的重点，就是表情夸张不等于是表情美人。身为一个表情美人，并非只是做出夸张的表情，最重要的是要像个天真无邪的孩子一般。若想成为一个表情美人，就应该以绫濑遥那种自然且充满可爱感的表情，或是像长谷川润一般多变的表情为目标。

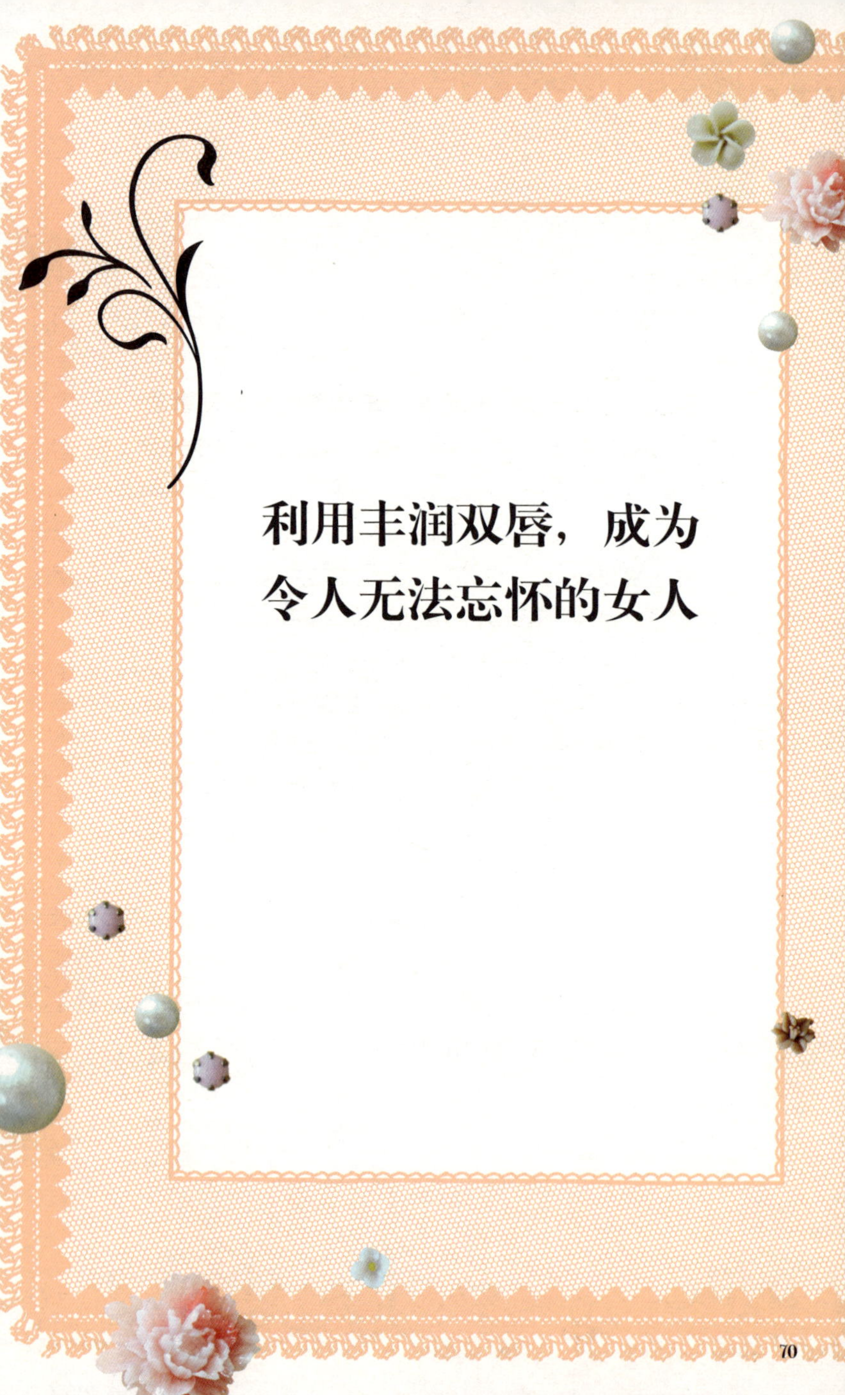

利用丰润双唇，成为令人无法忘怀的女人

在开始化妆之前，先用护唇膏的女孩其实才是真正“懂事”的人。

许多人都认为，脸部最重要的部位是双眼，但其实嘴唇才是整个脸的主角。只要嘴唇维持丰润，就可以让女孩看起来可爱好几倍。相反，即便是长得再可爱，只要嘴唇干燥脱皮，还是会令人感到幻灭。

因此在化妆之前，也要像滋润肌肤一般，利用护唇膏[A]来润泽双唇。无论是上唇蜜或口红，真正厉害的美人，都知道要在上唇彩前为双唇补充水分。展现丰润双唇是女人的特权，同时也是吸引众人的武器。

善用由内而外的丰润双唇，就可成为一个令人无法忘怀的女人。充满润泽感的双唇，可大大提升脸部视觉的完美度。最适合打造丰润双唇的工具，其实是质地浓厚的护唇膏。这种质地较厚重的护唇膏，可在双唇表面形成一道厚厚的保护膜。即使是在摄影棚进行拍摄工作时，绝大部分的专业彩妆师也会运用这项技巧。

在使用护唇膏滋润双唇之后，接着就是增添双唇的色彩与质感。接下来，再传授大家几个技巧吧！

A SISKEY SISLEY Nutritive Lip Balm、JILLSTUART Fruit Lip Balm、BURT'S BEES Beeswax Lip Balm、Dr.HauschkaLip Cream

如果想要提升女人味，建议用手指轻点的方式，在嘴唇涂上时下流行的红色与橘色唇膏。由内向外自然散发的显色感，是当今最流行的时尚妆感。因此别忘了化妆包内，随时要准备这些颜色的唇彩。

涂满像糖蜜般的唇蜜后，双唇会立即散发出美味迷人的感觉。

另外，适合自己肤色的米色系唇膏也是化妆包中的必备单品之一。米色系是一种能让女孩看起来更像美人的颜色，能够让肌肤状况看起来更好。在选择的诀窍方面，就是避免选择比自己肤色更白的颜色。要找出最适合自己的颜色，就只能每一种颜色都试过才知道，但只要找到最适合自己的米色系唇膏，就绝对能让女孩变得更加迷人。

若想打造甜美的可爱唇感，建议利用遮瑕膏在上唇的唇峰与下唇的嘴角描好边线后晕开，接着再涂上没有珠光及亮粉的浓厚口红。在颜色的选择上，甜美的牛奶色系是最好的选择。最后在上唇的唇峰与嘴角涂上滋润感强烈的唇蜜，就可让可爱指数更加提升。

在外出用餐或约会时，建议事先准备一支可以同时保护唇部，且能够让双唇散发润泽感的有色护唇膏[A]。如此一来，不需要镜子也可以简单涂上双唇，而且也不必担心唇彩沾在杯缘上。最重要的是，看起来一点也不黏腻的触感，会使人不禁想亲一下。

A BURT'S BEES TINTED LIP BALM、alima pure Lip Balm

题外话，残留在玻璃杯或咖啡杯上的唇印，有时还蛮令人感到尴尬的，因此正常来说应该不疾不徐地用拇指拭去唇印，接着再用餐巾把手指擦干净。不过要优雅地完成这个动作，其实一点也不简单。因此，最好的改善方法，就是一开始就让唇彩不易掉色。

首先，使用唇笔以画 ××× 的方式涂满嘴唇，接着再上一层护唇膏或护唇霜。如此一来，不仅可以让双唇拥有好气色，还能避免在餐具上留下唇印。

另外，有些人会觉得自己的双唇太厚，而不希望嘴唇太过于显眼。

其实丰厚的双唇反而能散发出诱惑人的魅力，但若是真的不喜欢这种视觉感，建议在上粉饼时，利用细粉盖住嘴唇的部分轮廓。

接下来，再使用颜色较淡的唇蜜[A]或口红，沿着原本的双唇轮廓内侧轻涂。如此一来，就可打造出不做作的超迷人美唇。

如何打造令人怦然心动的双唇很重要。虽然市面上有不少嘴唇专用的磨砂及护理用品，但最简单的方式却是将蜂蜜混合细黑糖。只要以画圆的方式，轻轻地按摩唇部后，再贴上保鲜膜敷个三分钟，就可打造出迷人的婴儿唇。

A SKII Clear Beauty Moisture Lipgloss、IPSA Lip Coat Gloss

美丽的保鲜期

“小气无法成就美人”，这是美容界的基本常识。其实，这句话的本意并非鼓励大家使用昂贵的保养彩妆品，而是说每次使用量极少，借此延长使用期限的方式，并无法发挥太大的美容效果。根据美肌效果进行评估后，其实绝大部分的基础保养品都应该在一个半月到两个月之间使用完毕。因此，一瓶保养品使用好几个月的人就要特别注意了。另外，保养品打开之后，很容易因为氧化、外在细菌、湿气及日晒而引发变质。

一般而言，保养品在开封之后，最迟要在三个月内使用完毕。虽然打开后的保养品最多可使用六个月，但三个月内才能将效果发挥到最大值。去年所使用的防晒乳及使用半年以上的乳霜，不仅无法美肌，反而可能让肌肤状态变差。即使是在使用期限之内，只要保养品发生成分分离、出现异味及质地变怪等问题，就必须立即停止使用。特别是保养品严禁放置在日光直射及浴室等湿度高的地方。另外，用干净的手做保养工作，以及使用后将保养品的瓶口擦干净，也都是美人所应该具备的基本常识。

虽然彩妆品大多可使用 2~3 年，但只要形状出现变化就不可使用。细菌容易在内部繁殖的睫毛膏可能引发眼疾，因此睫毛膏开始变硬后就必须丢弃。另外，刷具等工具则必须每周清洗一次以保持清洁。

打造美人的入浴魔法

其实美人也会在看不见的地方用心。许多美人看起来好像什么都没做，但为了让肌肤看起来更美、为了让双腿看起来更细一些，私底下都已经努力了相当长的时间。

对于美人而言，入浴时间可说是相当重要。入浴可说是一种打造美的仪式。

在因为工作而累得半死的夜晚，以及忙碌不已的清晨，许多人都会认为入浴是一件“麻烦事”，但若想要变美，就千万不可以错过这个宝贵的时光。请将浴室视为打造美人的完美 SPA 殿堂。

举例来说，在夜晚入浴时，请先关掉明亮的灯光，接着通过蜡烛或间接光源来营造令人放松的气氛。接下来，将散发淡淡清香的沐浴盐或沐浴精油放入浴缸，让自己的身心都能获得解放。

为使身体更快温热，在进入浴缸之前，请先用莲蓬头针对颈部、锁骨、上臂、腹部、腰部、大腿根部、膝窝及脚踝等部位，各冲 10~15 秒的温水。在冲水时，请以关节为中心冲水。虽然半身浴对人体健康有益，但有虚寒问题的女性，就应该让泡澡水的高度及肩，这样才能取得温热身体的效果。只要温热颈部与肩部，就可提升肌肤的保湿力，甚至能够打造不易胖的体质。

若是没有特别的减重计划，一般泡澡 15~20 分钟即可。另一方面，在减重期间若泡澡时间高于 30 分钟，则较容易变瘦。建议各位泡澡时，可通过阅读、冥想或按摩身体等方式来让自己放松。另外，莲蓬头所产生的蒸汽当中，其实含有负离子。因此沐浴时可以稍微加强水势，通过这些负离子来滋润肌肤。

之后，就是清洁身体了。只要在夜晚使用可以去除脏污的清洁皂[A]来清洁脸部与身体，肌肤就会变得轻盈许多。在使用沐浴乳及洗面乳时，你是否觉得肌肤上有一股冲不干净的滑溜感呢？其实，那是因为这些沐浴产品当中，添加了太多不必要的成分。因为清洁皂当中并未添加多余的成分，因此洁净效果会比沐浴乳及洗面乳还好。

在洁净肌肤时，建议利用柔软的双手或是丝绸制的沐浴工具。若是使用较硬的东西清洁肌肤，那么肌肤就会慢慢地变硬。

在沐浴完毕后，切勿以摩擦的方式用浴巾擦干身体，而是要以轻轻按压的方式，让浴巾吸掉较大的水珠。在这里传授各位一个打造嫩弹肌的秘诀，那就是在肌肤上还残留着水汽时，擦上身体乳液或乳霜。另外，也不要使用毛巾擦干脸部。对于残留在脸上的水珠，应该以双手像是擦化妆水一般按压，同时搭配使用乳液或美容油来防止肌肤干燥并强化保湿作用。最后，

A 脸部用：Estée Lauder Vitachlorella Bar Mineral-Enriched Soap、Dr.KK cocktailV premium soap、AQ MW Facial Bar

A 身体用：J'attache Organic. Mosaka Organic、SODASAN

在换好衣物之后再开始仔细保养肌肤。

另外，美人在清晨也会入浴。清晨的入浴时光，可让一整天的美提升到极致。在像晚上一样淋浴之后，再进入浴缸泡澡。在进入浴缸之后，请一边为这一天许下期待的心愿，一边慢慢地深呼吸。

在接下来的十分钟当中，请在泡澡的同时，使用美容油慢慢地按摩脸部、胸部、颈部及肩部等部位。入浴时的精油按摩，可让肌肤变得Q弹且透明感倍增。当然，也能够提升之后的保养品渗透力。在清洁身体的重点方面，则是简单清洁并选择有香味的沐浴用品。这时候，请搭配当天的心情来鼓舞自己吧！另一方面，在洗头时搭配洗头刷来增加头皮按摩效果，不仅可以让头皮感到清爽，就连脸部的气色也会变好，让沐浴之后的净嫩肌状态维持较长的时间。除此之外，按摩头皮还能让头发变得柔顺、防止脸部形成皱纹及肌肤松弛，而且可以让眼睛看起来更大，脸部线条看起来也会较为紧致，优点可说是不胜枚举。

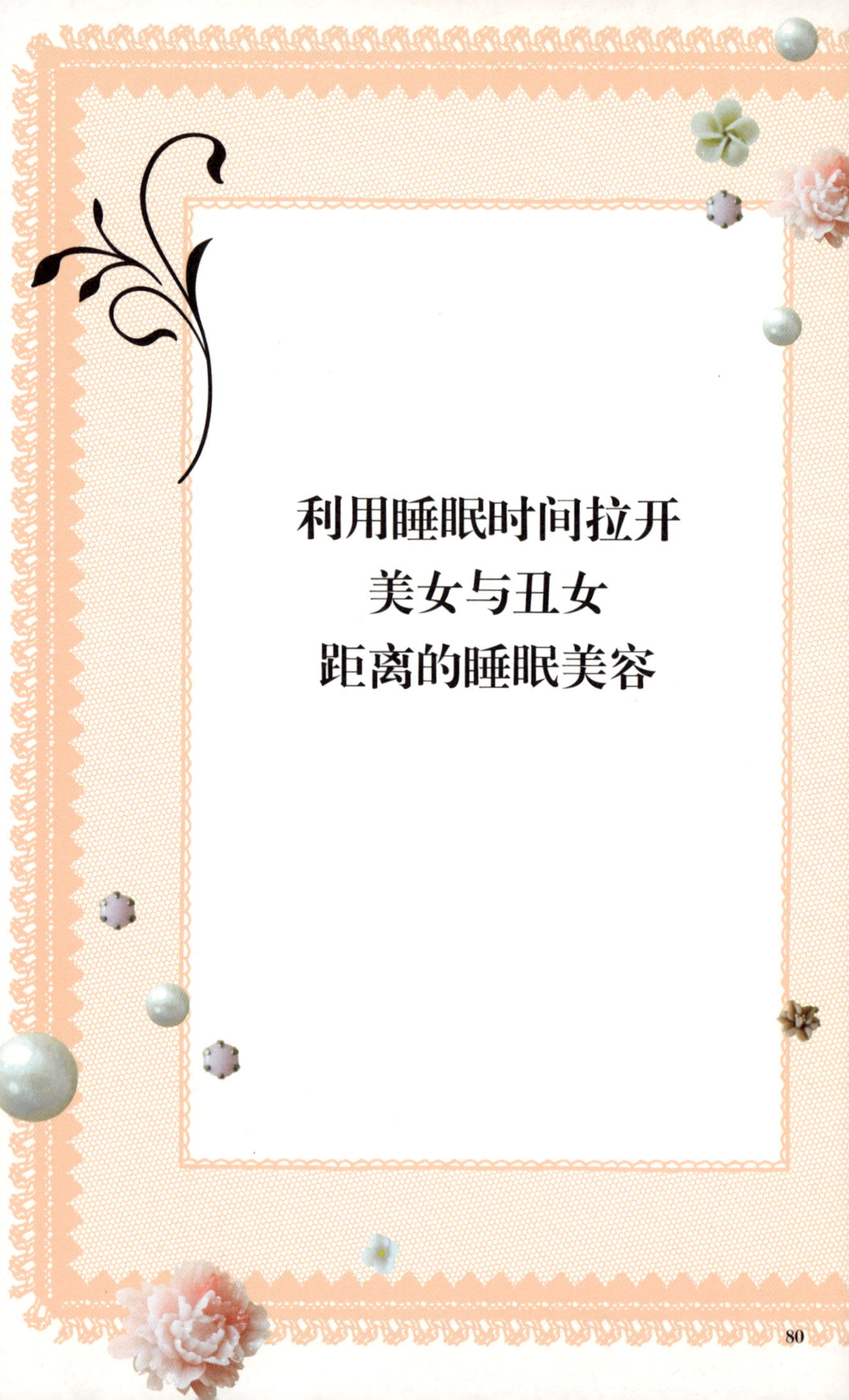

利用睡眠时间拉开
美女与丑女
距离的睡眠美容

除了入浴时光之外，美人最重视的还有睡眠时间。

对于维持肤况及体态而言，生长激素是不可或缺的物质，而这项物质却是在睡眠期间所分泌的。因此，睡好觉就能成就美人，但若是没睡好就可能与美无缘。**是否睡好觉的关键，在于“品质”。**第一步，就是打造能够提升睡眠品质的环境。例如棉被、枕头及睡衣都要选择质地摸起来感觉舒服的丝绸或纯棉制品，在颜色方面则要选择柔和的粉红色或米白色。另外，入睡前的六十分钟，其实是打造高睡眠品质的黄金时间。在这段黄金时间，必须关掉明亮的灯光，并改为烛光或间接光源。同时，可做一些伸展操或是听一些轻音乐让身心放松。除此之外，也可以将一些会散发精油香味的体香膏或精油[A]涂在脖子上，借此让身心都能从紧张的状态中获得解放。最重要的是，千万不可以把不愉快的情绪带入睡梦中，因此要写在日记或笔记当中一吐为快。这么做的话，就没有什么事物可以影响美好的睡眠时光了。

此外，还有一个小秘诀，可以促进美肌荷尔蒙不断分泌。这个小秘诀，就是让枕头或胸口散发出玫瑰、茉莉或依兰的香气。据说白花可对子宫产生正面刺激，促使女性释放出可吸引男性的荷尔蒙。许多女性在谈恋爱时，肌肤都会因为这样的荷尔蒙而显得光滑，而这个运用香氛的小技巧，也能够发挥相同的功能。

A BADGER

Let's study languages to get half face

学习外语，打造混血娃娃风

许多女孩都希望自己能拥有一张混血娃娃的可爱脸庞。最近多亏有角膜变色片及假睫毛问世，让许多女孩都能大玩混血娃娃变身风。其实还是有许多人希望素颜时也能像个混血娃娃。对于这样的人，其实有个自然的方法可以达到目的，而且效果更胜整形手术。

这个自然的方法，就是看你想长得像哪个国家的人，就学习该国的语言。虽然听起来并不真实，但我过去看过太多素颜像是外国人的美女，都是实践了这个方法才让自己变得像外国人的。正因为如此，我才会有信心把这个方法推荐给各位。

语言是形成脸部骨骼的要素。不同语言所活动的口部范围与方式不同，因此在脸部不同的肌肉活动下，脸部的视觉印象也会随之改变。特别是脸部的下半部，更是会因为语言差异而有不同的感觉。

例如韩国与日本女性虽然长相类似，但仍然有不一样的地方，而最大的不同之处就在于脸的下半部。这样的差异，只要盖住照片的局部就可一目了然。

只要鼻子以下的部分不同，除了脸部整体的视觉感之外，就连全身所散发的气质也会有所不同。我有一个朋友因为喜欢法国女性那种慵懒的表情，因此决定学习法文。只不过是半年而已，现在的她看起来就像是日法混血娃娃。明明只是化上淡妆，却比化妆品所打造的混血娃娃还要更像真正的混血娃娃。除了语言之外，实际接触外国人也能有效率地学习该国人士特有的动作与气质。另外，善用法式风格妆感与穿搭术也相当具有影响力，因此现在经常有人问我朋友是不是混血儿。效果超越整形手术的外语学习术，是一种具有尝试价值的美容法。

真正掌握本能的女性
并非是被称赞“你好美”
而是被夸奖“你好香”

香水，千万别一味地想让它明显地散发香味。

使用香水的诀窍，是使用在看不见的地方。只要隐藏香味，那么香水就会顺利散发香气。例如将香水擦在衣服下或大腿等部位，那么“隐藏的部位就会散发出香气”。香味和优雅的性感，是相辅相成的。就让我们以层叠的方式，成为一个散发出谜之香气的美人吧！

vol.3
香氛
perfume

用一闻钟情的方法
选择香味

“你好香”是最棒的称赞语。比起“你好美”，被人称赞“你好香”的女人，层次要高上许多。最大的原因，是香气可直接且深入人心。打动人性本能，能虏获他人五种感官的女人，才是无懈可击的。

说到“好香”，第一个想到的就是香水。香水在与每个人的体温融合之后，可产生各种独一无二的香气，可谓是使用者的分身。因此选择香水时不应该受到他人影响，而是要凭着自身的本能挑选。

然而相信有许多人在选择香水时，都会面临不知如何抉择的窘境。在试闻各种香水后，鼻子反而会愈来愈不灵光……

一开始，先把重点放在人类的本能上吧！像是一见钟情般，选择能令你感到心动的香味。这时候有一个小秘诀，**那就是用右鼻去闻香气。**由于右鼻是受到判断喜好与否的右脑所掌控，因此用右鼻绝对能够找出自己真正会感到心动的香味。

在试闻香水时，先用右手拿着试香纸，且让试香纸位于距离右鼻约 5 厘米的位置。接着闭上嘴巴，只用鼻孔吸入空气。如此一来，轻柔的香气就会自然地进入鼻子当中。通过这种方法试香，嗅觉就会不容易变迟钝。另外，在体温及体味等条件影响下，香水所散发的香气也会不同，因此建议各位在使用新香水时，先花上一天的时间来确认香水的香气变化。

※ 茉莉花、依兰、百合花、栀子花等白花的香气，都是能够吸引异性的香味。能让人视觉上变瘦的香味，则是柑橘或绿草等清新的香气。
另一方面，甜蜜果香、香草、棉花糖等甜点般的香气，则能展现出圆润的视觉感。若是追求人见人爱的感受，就应该选择玫瑰、紫罗兰及清新皂香等香味。如果是要打造净白肌视觉感，就要选择充满水润感及透明感的白花香。

虏获男人心的“恋爱之香”打造法

恋爱般的香味，其实就是“残留的余香”。

对于恋爱中的人而言，在两个人分开相隔两地时，对方的味道才是最令人感到心动的味道。正是这股味道，让恋人们更加地迷恋对方、思念对方，因此爱的感受才会愈发强烈。

为了让最喜欢的他更爱自己，那就在他家或被窝里留下余香吧。这种方法其实备受肯定且效果显著。只要能掌控残香，那么在恋爱的世界里就能占有优势。

最自然的做法，其实不是使用香水，而是使用身体乳液或身体乳霜。若身体乳液与平时使用的香水为同香调，那么效果就会更加显著。

在对方家中过夜时，可在洗完澡后擦身体乳液或身体乳霜，同时滋润肌肤并增添香气。另一个诀窍，就是向对方借家居服或睡衣穿，如此就能将香气留在对方的衣物上。此外，残留在被子里的淡淡香味，则能够在两个人分开时，让对方心中随时想念着自己。

如果对方同意将自己的东西放在家里，那么就把自己喜欢的香水、身体乳液以及残留着香气的松软睡衣放在对方家中。这个方法，在恋爱的世界中也相当具有魔力。在无法相见时，更要营造出恋爱的感觉，就让我们一起努力培育并强化自己的恋情吧。

美人光环的源头
为后调

香气可散发出美丽的光环及丑陋的光环。

举例来说，在公交车或电车里的刺鼻香味就是丑陋的光环，但通过动作及体温所散发的淡雅清香则是美丽的光环。**丑陋的光环能让所有人都变得没有品位，而美丽的光环则能让人从里到外散发出可爱的气息。**

为避免散发出丑陋的光环，最重要的是了解香气的变化过程。

首先是前调。所谓前调是擦上香水的5~10分钟之内，还能感受到些许酒精刺鼻的香气。在这样的香味包围下，见任何人都不适合，因为这正是令人散发出丑陋光环的香味。

接下来的中调，是前调之后30分钟到两小时间所出现的香气。聪明的美人，都知道在重要的约会前两小时擦上香水，这样才能散发出美丽的光环。若是需要外出，就应该选在香水中调之后再出门。所有香水都是以中调为主，做各种调香动作，因此选择香水时也建议通过中调挑选。

最后是后调。其实后调才是展现美丽光环的香味，也就是使用香水两个小时之后，且在香气完全消失之前的香味。后调的魅力，在于会与使用者的体味及体温融合，并由内而外地慢慢散发出独一无二的香味。这种感觉不再只是香水，而是使用者体香的气味，如此才拥有让人迷恋的魔力。

虏获人心之香的
隐藏法

不经意的一个动作，就会散发出迷人的香味。**其实真正虏获人心的是，看不见的香气。**一开始，先告诉大家香水的正确使用方法吧。香水的正确使用方法，就是在 20~30 厘米的距离下喷洒，并等待酒精蒸发。使用香水时，千万不可以把香水喷在手腕并摩擦。因为这样的动作，会使香氛的分子瓦解。

在使用香水时，也不应该每天都使用在相同的部位，而是要根据当天要见的人以及要前往的场所而改变。为避免肌肤形成黑斑，请记得将香水喷在日光晒不到的部位。由于高体温的部位可让香水的香气更明显，因此最适合使用于大腿或腹部。将香水擦在距离鼻子相对较远的腹部以下，其实可让香水散发出淡淡的清香。由于夜间不需要担心日晒，所以可搭配肢体动作的特征自由选择使用香水的部位。在约会时，可将香水擦在两个人靠近时容易散发香味的脖子上；在兜风时，则是擦在膝窝或大腿内侧，这样在换跷腿姿势时就能散发出迷人香味；如果是想增加性感的感觉，则是要将香水擦在胸部下方。只要掌握动作方式及目的而搭配使用香水的部位，就可让隐藏的香气充分发挥迷人的功能。

许多男人都会迷恋女人的秀发与美背，因此这两个部位也很适合喷香水。在背部方面，可将香水喷在脖子底部，这样就可在脱下外套的一瞬间散发迷人香味。至于头发，则是在洗完头发后，先喷一下香水并用清水冲净。如此一来，在两人亲密的时候，香水就会随着上升的体温散发出淡淡香味。请各位务必尝试这些小秘诀！

若不是只属于自己的
香味就无意义

无论是穿泳装还是洋装，对于女性而言，撞衫是一件相当尴尬的事。

然而比起撞衫而言，最重要的是避免“撞香”，因为香味对于女性而言，就像是自己的分身一样。正因为如此，所以绝对不能让男朋友对自己说：“你身上的香味跟我前女友一样。”既然决定使用香水，就一定要有自己的风格才有意义。真正的高手美人，在彩妆及发型上，都要做到别人问你是如何办到的。在打造个人香味时，最有效的方式是混合使用香水。巧妙地混合使用两种香水，其实可以打造出具有深度的美感。

混合使用香水时的注意重点，在于重复某一种花香味。例如使用玫瑰花香时，另一款香水最好也是选择添加玫瑰香氛的类型。如此一来，混合在一起才不会显得没有主题。

在使用两种香水时，可将两种用于相同部位，也能分别使用在两个不同的部位上。不过胸部与背部使用不同香水的搭配，较具有魅惑力。刚开始挑战这种香水使用法的人，建议参考常用香水的花香调，另外选择相同花香的单花型香水[A]。这样的挑选方式，绝对不会出错。只用一种花香所打造的简朴单花型香水，容易与各种香味搭配融合，是一种适合用来调配出专属香气的单品。

A 由于我个人喜欢使用玫瑰香氛，因此单花型香水我都使用 ANNICK GOUTALRose Absolue Eau De Parfum Spray

vol.4

令人不禁想触摸，光滑美背的打造法

全身肌肤中最能展现女性魅力的地方是胸口、腿部及手臂。然而，我认为最能展现女性之美的部位却是背部。

正因为背部是平时人们不太注意的部位，所以更具有吸引力。

因此，请打造随时可以被触摸的美背。仔细呵护过的美背，才能证明女人的特别。

但事实上，有不少人都忽略掉呵护背部肌肤这件事。

在人体全身当中，背部也是容易发生状况的敏感部位。错误的保养或是完全不保养，都会造成背部肌肤受到伤害，进而促使痘痘或黑斑形成。**因此最重要的是，女性应该把背部当成脸部保养。**

比起身体其他部位，背部肌肤的构造其实与脸部相近。因此，经常用力刷洗背部的人要特别注意！在清洁背部时，切记要像洗脸一样，使用双手或质地柔软的工具清洗。为避免过多的老废角质堆积，定期为背部做去角质护理，也能促进背部肌肤的新陈代谢。在洗完澡后，记得先用化妆水调节肌肤状态，接着再使用身体乳液或身体乳霜锁住水分，如此就能打造吸引

人的净嫩肌。当然，背部上的杂毛也不可置之不理，最推荐的保养方式为永久除毛。专业医师可让背部杂毛的毛孔消失，因此可避免自己不当保养而留下不雅观的疤痕。若是要自行剃除杂毛，最佳时机是入浴时肌肤处于温热且柔软的状态。除毛时需搭配使用乳液或乳霜，除毛之后则是利用乳霜或化妆水调节肌肤状态。另外，顺着毛流刮除，可避免肌肤受到伤害。

由于除毛工具都设计有基准，避免伤害肌肤，因此可以安心地使用。不过，绝对不可以使用拔除毛发的工具。拔毛的动作会造成毛孔内的肌肤受到拉扯，因此可能引发出血，或是造成肌肤出现黑斑、凹凸不平、暗沉及痘痘等问题。

除此之外，若想消除背部的赘肉，最重要的是保持正确的姿势。

不仅如此，也要正确穿着内衣。若是未做到拉提背部、腋下及腹部的肉，那么这些肉就会朝着上手臂与背部移动。经常穿戴无肩带内衣的话，不只会有胸部下垂的问题，而且背部的赘肉也会愈来愈多，因此要特别小心注意。

在运动方面，建议做使用运动器材[A]的运动。对于改善背部赘肉问题，活动肩胛骨是效果最佳的方式，因此伸展与收缩肩

A 皮拉提斯带或摇摆铃

胛骨的伸展操也是不错的选择。就算没时间做伸展操，随时提醒自己转动肩胛骨也可以。

左右手一上一下地在背后拉在一起的伸展动作也很不错，只要每天做几次，就能有效促进血液循环。

除此之外，也可以请另一半帮自己将精油或身体乳液涂在背部。这样不仅可以美背，还能增添两人间的情趣，可谓是一举多得。

女性的武器·“迷人胸口”的打造法

说到能让女人变得更性感迷人的部位，当然非胸口莫属。胸口可发挥反光板的效果，让脸部肤色明亮数倍，同时提升肌肤的透明感，让黑斑、皱纹及毛孔变得不明显。另外，微微隆起且线条迷人的锁骨，也能够展现滋润感充足的女人味。在仔细保养下而呈现细腻质感的胸口，才是让女人战胜一切的武器。

在保养胸口时，请把胸部也当成脸的一部分。简单地说，保养品及防晒品的使用范围必须扩大至胸部。

这里有一个相当重要的保养观念，那就是洗脸时务必连同胸口进行清洁。例如在卸妆时，可将卸妆范围扩大至胸口，借此促进淋巴血液循环，如此就能打造出令人惊讶的光泽肤感。实行的方法很简单，只要将充足的卸妆油置于手心稍微搓热，再均匀涂于颈部到胸口，接着一边从胸部往下移动，一边轻轻地以画圆的方式做清洁动作，最后再用温水冲净即可。

单纯清洁脸部的动作，只能去除肌肤表面的脏污，但积留于淋巴的老废物质却还存在于体内。若是能够将每天卸妆与清洁的范围扩大至胸口，就能解决肌肤暗沉与水肿的问题，甚至脸部肌肤松弛下垂的问题也能获得改善。除此之外，适度利用磨砂膏或去角质美容液做保养，就可打造出男人们不禁想轻吻的胸口。

打造细致颈部的秘诀

用心保养的颈部曲线，是女人最棒的装饰品。

我们的脖子，每天都要支撑重达 4~5 公斤的头部，因此颈部所承受的负荷其实远超乎想象。不仅如此，颈部的 360 度都会受到紫外线照射，所以受到的伤害可以说相当大。因此颈部防晒工作绝对不可马虎，尽可能地使用颈部、胸口专用的美容液或乳霜[A]，来维持颈部肌肤平滑紧致无细纹。

另外，从颈部到胸口的精油按摩，也是不可或缺的保养工作。**只要促进淋巴血液流动，将当天的老废物质排出体外，就可让脸部轮廓变得紧致，进而呈现出小脸及透明肌感等效果。**

首先，泡澡时要泡到及肩的位置。泡澡时，先将按摩油倒于手心温热后，再用左手从右耳沿着颈部往下推至胸口。当左手停留于胸口时，则用指腹在锁骨上方由外侧至内侧慢慢地按压 3~5 秒。最后，用手掌从肩部通过锁骨后，再推到胸部中央。如此一来，就可完成按摩淋巴的保养动作，完成后再以相同的方式换边做。

这样的保养动作不仅能让颈部与胸口变美，还能改善颈肩僵硬与头痛等问题。除此之外，还能减轻眼睛疲劳、脸部肌肉僵硬，因此可帮助打造水汪汪的大眼及充满立体感的脸部视觉。而通过按摩，也能提升保养品渗透肌肤的能力。

A GUERLAIN Abeille Royale Neck &Decollete Cream、SISLEY Botanical Neck Cream、Yakult Beautiens PARABIO AC neck gel

手肘·膝盖·脚跟
的保养法

保养偷懒时，最容易被抓包的部位是手肘、膝盖及脚跟这三个地方。粗糙的触感与暗沉的肤色，就连自己看了也觉得兴致全失，就连身为女人的自信，也会因此而消失殆尽。不过这三个部位，都是相当单纯且能愈保养愈美的地方，因此要像刷牙一般养成每天保养的习惯。

这些部位的保养重点为角质调理与保湿。建议利用磨砂膏或去角质美容液去除老废角质。使用磨砂膏时，请先用温水温热身体之后，再将大量的磨砂膏涂于保养部位，以画圆的方式按摩身体。如果使用去角质美容液，则应选择添加 AHA 等果酸产品去除老废角质。在完成角质调理之后，将数滴玫瑰果油或榛果果油加入身体乳液中，并擦在去角质后的部位。如此一来，就可保持手肘、膝盖、脚跟等部位光亮滑嫩。由于每种身体去角质商品的建议使用次数不同，因此要根据每个产品上的包装说明使用。

即使是白天，也要使用身体乳[A]，为身体肌肤补充油分及水分。例如酪梨乳霜及添加尿酸或乳油木果油的乳液都具有不错的效果。只要每天涂上数次，滋润身体肌肤的效果就会持续不间断。另外，避免用手肘或膝盖支撑身体，也可有效预防这些部位的肤色变得暗沉。

A 手肘:OPI Avoplex High Intensity Hand & Nail Cream;
膝盖 · 脚跟:OPI PEDECURE BY OPI SMOOTH

如何打造婴儿臀

婴儿的小屁屁，是如此柔软有弹性，而且可爱得令人不禁想用脸去蹭几下。

接下来就一起了解臀部肌肤的保养法，一起打造触感滑嫩的迷人电臀吧。

只要靠按摩及身体去角质产品，就可打造柔软有弹性的臀部。在入浴温热身体之后，使用磨砂膏以画弧的方式由下往上去除臀部肌肤的老废角质。在选择磨砂膏时，尽量选磨砂颗粒不要太硬的类型。在入浴完毕后，将按摩用的精油或身体乳置于掌心，接着用双掌托住双臀，一边转动双掌一边朝上移动。当臀部感到温热之后，就可进入下一个保养阶段。

接下来，利用双手抓起臀部的肉之后再松手放开，反复这样的动作可让臀部肌肉放松。这时切记，不要只是捏起表面的皮肉，而是要完整抓起整个臀部的肉。最后，使用双手像是推向腰部一般地将臀部的肉往上推。只要持续按摩臀部，就可有效防止橘皮组织产生，甚至是已经产生的橘皮组织也会因此而缩小。

另外，受寒对女人来说是最大的敌人，因此平日要做好温热身体的功课。

Kiss 能让女人变美

你每天都有 Kiss 吗？如果没有的话，真的要强烈建议你 Kiss。

最主要的原因，是“Kiss”能有效地改造人体全身。

Kiss 可促进产生幸福感的荷尔蒙分泌以及提升记忆力，神奇的效力可说是不胜枚举，其中最受瞩目的功能是无可比拟的抗氧化作用。由于 Kiss 可让人们的身心都感到满足，因此具有提升抵抗压力影响的作用。

压力正是造成细胞氧化及女性老化的凶手。简单地说，只要几秒钟的一个亲吻，就可防止肌肤与身体老化。比较过每天 Kiss 的夫妻与没有每天 Kiss 的夫妻后，可发现有 Kiss 习惯的男性比没有 Kiss 习惯的男性寿命约长 5 年，而有 Kiss 习惯的女性看起来会比实际年龄还要年轻 5 岁左右。

除此之外，Kiss 时活动肌肉的动作，也能发挥防止脸部肌肉下垂及细纹形成的效果，同时也能因为促进血液循环而提升肌肤的透明感。另一方面，Kiss 之后身体内部会分泌与恋爱甜蜜感相关的荷尔蒙，因此胸部与臀部会变大变迷人，甚至还具有腰部曲线变得迷人、头发散发光泽及眼睛水汪汪等提升整体美感的作用。因此，一定要向心爱的老公或男友索吻。因为看见 Kiss 的画面也能刺激美肌荷尔蒙分泌，因此多看一些有相关画面的电影或阅读相关叙述的书籍，也都能够展现不错的效果。

Pocket Soap
PUREROSE

How to make a lovely body

如何打造抱起来感觉舒服的身体

水嫩・柔软・Q弹。能让对方在脑海里想象着“不知道抱起来有多舒服”的身体，才是最具魅力的身体。

小心呵护锻炼肌力，再加上仔细保养的肌肤身体，充满着每个女人都想要有的清纯感与吸引力。

为打造一个紧致而非肌肉型的紧致体态，最重要的是锻炼深层肌肉。在各种锻炼法中，最适合的运动当属瑜伽及伸展操。只要做这些运动，就可让身体变得曲线迷人且脱胎换骨。若是趁着入浴后，代谢能力正高时做这些运动，则能够获得更显著的效果。除此之外，在打造男人想拥抱的身体时，迷人的肌肤也是个重点。若想拥有包覆紧致体态的滑嫩肌肤，最重要的是彻底做好保湿工作。只要做到使用先前所提过的磨砂膏、去角质露及按摩与保湿技巧，就可拥有令人倾心的滑嫩光泽肌。

无论如何，持之以恒才是根本之道。只要从今天起就立即行动，相信过一个月之后，你的身体也会变成“抱起来感觉舒服的身体”。

懂时尚的人
都相当了解
自己的身体线条

先不管自己的腿长不长或脖子细不细，而是先了解自己的身体线条。只要掌握这个重点，就能有效率地改造自己。懂时尚的人，通常都相当了解自己的身体线条，并熟知该如何在隐藏与显露之间找到平衡点。衣服，是用来衬托自己身体的东西。因此重点不在于要穿什么，而是要让大家看见怎么样的自己。就让我们，一起追求平衡点的掌握法吧！

vol.5
fashion
衣饰

时尚＝平衡力

你了解自己的身体线条吗？人体的身体线条可分为三种类型，分别是下半身比例较大而呈现三角形的A型、上半身比例较大而呈现倒三角形的Y型，以及上下半身比例相差不多的I型。先掌握自己的身体是属于何种线条，就可让自己变得更有时尚感。

大部分的人都会在意身高或是各部位的粗细程度，但其实最重要的是自己身体的轮廓。身体整体轮廓和脸部、头发一样，只要整体取得平衡，感觉就会完全不同。因此让自己变时尚的关键，就在于了解自己的脸、身体、各部位的线条，并从中打造出迷人的特点。

为了解自己身体的线条，先要站在可以照出全身模样的镜子前面。这时候，请先别管自己平时觉得不完美的部位。若是整体线条为倒三角形的Y型，就选择宽松的衣物遮饰，下半身则是以显瘦感为原则。如果是上下半身比例相同的I型，就以强调纵向线条的衣饰强调出身体的线条感。至于整体呈三角形的A型，则是利用服帖的上衣强调上半身的线条，同时选择略为宽松的牛仔裤来调整比例。

只要了解自己的身体并巧妙地打造平衡感，你也能成为懂时尚的人。最重要的第一步，就是站在镜子前面观察自己的身体轮廓。

“瘦”是营造出来的视觉

“瘦”是构成美人的重要元素之一，但减重及运动却需要耗费许多时间。更何况，女人失去圆润的身体线条及舒畅的肌肤触感后，就变得没有存在的意义。可能的话，胸部及臀部都要维持原有的状态。其实有些方法，可以在保有女人味的同时，快速打造出理想的“瘦身感”。

只要露出脖子、手腕、腰、脚踝、背部、肩膀及锁骨等部位，就可有效地营造出瘦身感。**先确认上述部位中，自己是否有较纤瘦的部分。即便是只有一个部位符合标准也无所谓，先强调该部位吧！**

若是手腕较为纤瘦，那就利用七分袖、钟形袖[A]或蝙蝠袖上衣来强调出极瘦视觉。如果是腰部较纤瘦，那就穿上腰部内缩的连身洋装或是加上腰带。另外如果是肩部，则应利用肩背包或针织衫来强调出肩部的纤瘦感。

只要巧妙搭配据说能让人显瘦 3 公斤的滑顺布料——丝绸，以及高雅又透风的素材——蕾丝，就可更有效率地打造“瘦身感”。在胸部方面，尽量将背部与上臂的肉集中，借此让胸部看起来更肉感，甚至可以利用功能性内衣来强化这样的视觉感。在臀部方面，则是利用提臀裤让臀部线条显得更圆。女人呀！尽情地尝试能让自己更有女人味的显瘦感穿搭吧！

A 袖子到袖口呈放射状扩大、外观像钟形般的袖子

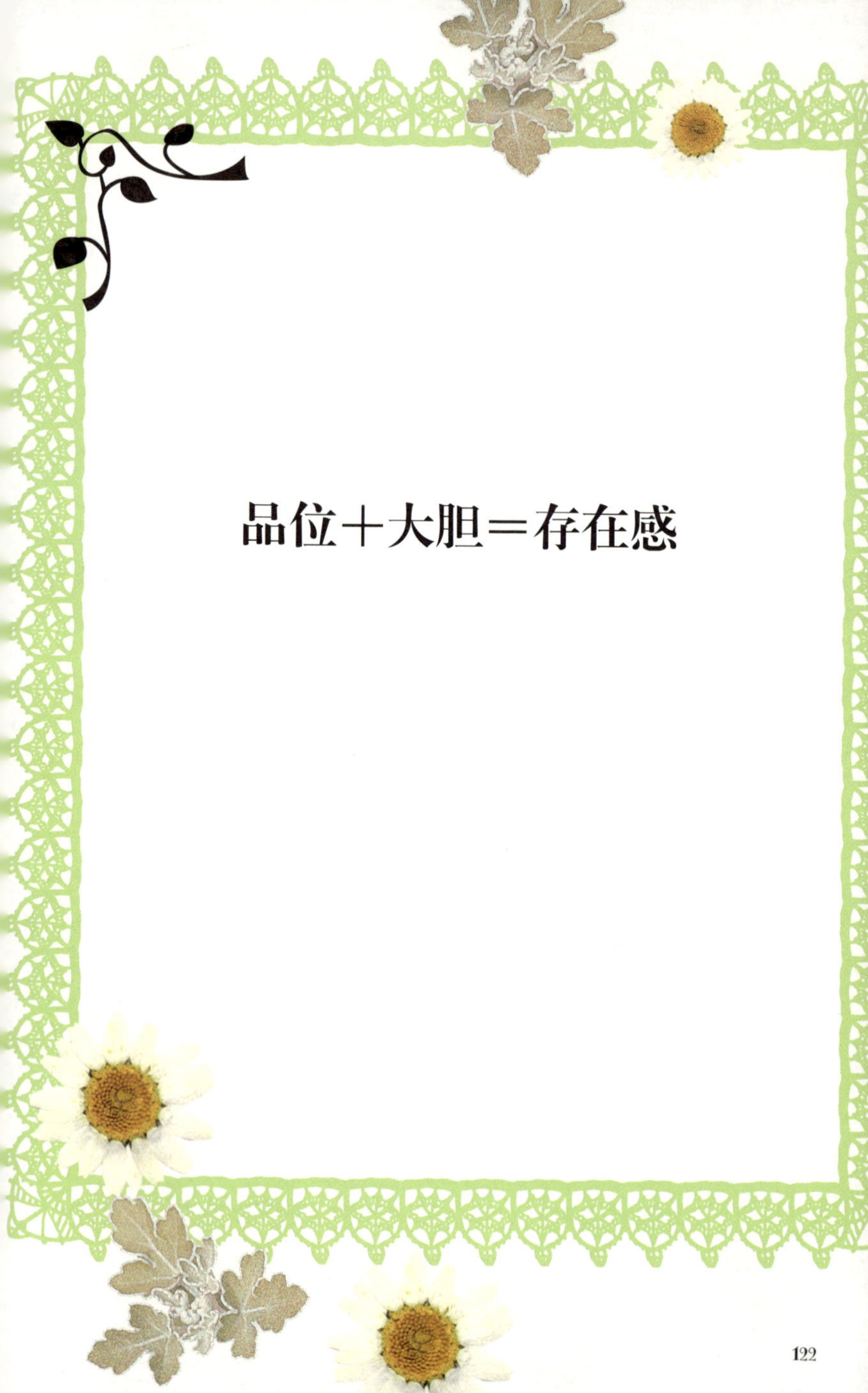

品位＋大胆＝存在感

有些美人只要一出现，场上的气氛就会变得活络，就连温度也会自然炒热起来。你也想拥有那种能够吸引人，并成为众人心中的美人力吗?

其实方法很简单，就是展现美丽的肌肤。这也是演艺圈常见的一种提升存在感的手法。只要大胆地让肩头、背部、胸口及腿部等部分看起来更优美的话，那么你就能散发出华丽的气息，并且吸引所有人的目光。

展露出滑顺的肌肤，其实就能营造出不足的美感与特殊的氛围。

只要肌肤散发出美感与性感，那么展露肌肤的一瞬间，表情及动作都会变得相当有女人味，这就是展现肌肤的效果之一。不过有一点要特别注意，那就是不可故意裸露，而是要优雅地自然展现。另外，同时露出数个部位的肌肤也是大忌。一般而言，美人们都会展露胸口与手臂，**但若是要表现出高雅的华丽感，那么就只挑选其中一个部位主攻就好。**

胸口未展露，但回眸时却可见背部完美的曲线；虽然衣领较高，却露出有洁净感的双腿。只要像这样高雅、优美且健康地大胆展露某些部位，就能让你的魅力加分。

宛如变身般的小脸与显瘦效果

只要不说出口，没人会知道自己的体重有多重，腰围有几厘米。因为最重要的是“印象”。与其好几个月前开始努力瘦身，不如现在立即就让自己看起来显得比较瘦！

这时候，胸口与颈部的曲线就是必备条件。

对于不习惯的人而言，低胸洋装穿起来可能一点也不舒服，但稍微露一下胸口，则能让脸的大小及体形出现相当大的视觉改变。在观察海外名媛或名模之后，不难发现许多人都会活用胸口的线条来搭配穿着。**能提升整体洗练度，显露胸口线条的服饰，正是美人的必备品。**

胸口显露的范围若是过大，不仅无法展现出魅力，反而会让脸看起来显得更大。在展露胸口线条时，面积建议与脸部大小相同。另一方面，完美的颈部线条，则会随着脸形、颈部长度及肩宽而有所不同。在穿上衣饰之后，请先站在连身镜前，并与镜子保持一小段距离。接着，再一边确认镜子里的整体视觉印象，一边确认怎样的搭配能让自己的脸看起来更小且更迷人。除此之外，也要同时确认锁骨的展露方式、颈部到肩部的线条，甚至是胸部线条的质感。另外，不仅是正面，连侧面与背面也都要仔细确认，如此就能找到最佳的视觉平衡点，让自己看起来能显得更美。

高层次的
“甜辣成熟穿搭术”

打造时尚美人的甜辣黄金比例，大约是甜 2、辣 8。这样的比例不只是指服饰，就连彩妆、发型、配饰以及脸部整体感觉也都包含在其中。

由于“甜美”具有特殊的重量感，因此只要加入一点点甜美的元素即可。若是加入过多的甜美元素，时尚的不足感反而会被盖过去。举例来说，现在随处可见连身洋装加设计可爱的鞋子，接着再搭配大卷发与粉红色系腮红的超甜加糖女孩。像这样的完美搭配，反而无法显露出不足感。例如鞋子选择羽翼状拼接雕花款或是鞋尖无任何装饰的短靴。另外，带有空气感且偏干的自然卷翘发搭配皮衣外套，**像这样加大甜辣比例差距的方式，就可打造出明显的不足感。**只要在辣味当中加入一点点甜味，就可让人更有女人味。

说到五官的视觉感，韵味十足的女性适合带有辣味的衣饰，而带有酷味的女性，则是适合利用略带甜味的元素来增添性感魅力。只要巧妙运用相反特质的魅力元素，就可营造出独特的感觉。例如女人味十足的五官感受及发型，就搭配简单但质感好的针织衫，或是散发出柔和感的上衣搭配裤装。另外，若是五官视觉感较酷有个性，则应加入蕾丝或其他较为柔和的色彩。只要简单的几个重点，就可打造出成熟女性特有的性感魅力。

简单最能衬托出美感

许多海外名媛或名模私底下所穿的衣服，其实设计都相当地简朴。事实上，简朴是最能够衬托出美感的技法。

个性强烈或是时下流行的元素，有时反而会使一个人的美失焦。愈是简朴的事物，就愈是能够衬托出一个人由内至外所散发的美与魅力，包括彩妆也一样。其实穿衣服的目的在于让自己变美，而不是受到衣饰的摆布。

然而，真正的美人穿搭术，并非只是单纯运用简朴的元素，而是要清楚了解在简朴的元素当中，该如何挑选出最适当的东西，来打造出专属于自己的魅力特色。例如简朴的针织衫或T恤，也要仔细挑选适当的剪裁与尺寸，这样才能让自己的身体看起来更美更迷人。最重要的一点，就是要不断地照镜子，也就是彻底地了解自己的身体。

这项手法的目的，就是让他人认为：“只要人美，即使没有过多的装饰也能一样迷人。”因此，这条简单的方程式，可说是女孩们立即提升魅力的不动守则。

贴身衣物带来的时尚

为避免贴身衣物的颜色或痕迹过于显眼，模特儿在摄影时都会换上肤色无花纹的贴身衣物。虽然肤色贴身衣物可说是万能无敌，但贴身衣物也是让女人变美的绝佳武器之一。因此，每位女性都应该准备许多自己喜欢且款式不同的贴身衣物。

除颜色之外，贴身衣物最应该注意的重点是不可透过上衣看见，以及裤头的位置。简单地说，就是要准备蹲下后也不会外露的低腰内裤。这里推荐 Cosabella、Victoria's Secret（维多利亚的秘密）、hanky panky（汉基帕基）等品牌的蕾丝类贴身衣物。无论是哪一个品牌，穿起来都相当贴身且穿上衣服后不会有明显的痕迹，让人感觉就像没有穿一样舒服。

在胸罩的选择上，应以美化胸形与质地柔软为优先考量重点。千万不可以一味追求变大的视觉感，而勉强将胸部往上拉提。穿内衣时，胸部的正确位置，应该是弯曲手肘时处于肩部与手肘之间。若是想让自己看起来更有时尚味，反而要放低胸罩的高度，这样才能散发出性感的气息，甚至能够更大胆地不穿内衣。在穿露肩的衣服时，要搭配无肩带内衣；在穿露出胸口的低胸衣服时，则建议换上深受模特儿们喜爱，可打造出自然且柔和深沟的 Star Cup 美胸内衣（RITRATTI 品牌）。这种类型的内衣，也相当适合搭配露胸或露背的衣服及礼服。对于胸部较大的女性而言，因为过大的胸部不容易营造出时尚感，因此重点就是不过度强调。

利用衣袖·衣领·裙摆
做个回眸美人

自然不做作地回眸，是美人具有魅力的动作。完成这样的动作，其实是有诀窍的。

秘密就在于衣袖、衣领、裙摆。

懂得打扮的美人，衣饰搭配的品位总是过人。例如裙摆改高，让裙子与人合而为一；又或者是轻轻卷起袖子，利用有层次感的袖子改变衣服的视觉感。只要彻底了解自己的身体特征后再加上“女人味”，就一定能让自己变成美人。

举例来说，在穿衬衫时不要扣满纽扣，而是打开至第三颗纽扣为止，如此就能让胸口的线条变得迷人。同时间，若是卷起袖管，就可让手腕看起来更细。另一方面，在穿衬衫、夹克及牛仔裤等较男性化的衣裤时，只要卷起袖管或裤管来强调纤细的部分，就可让自己变得更显瘦。由于衣领的大小会影响脸形及脸部大小的视觉感，因此要特别小心选择能够散发女人味的类型。在穿连身洋装时，可利用腰带强调出腰部的位置，同时也能强调出双腿的长度及纤细感。

扣子要开几颗，脸看起来才会变小？袖管要卷多高，手臂才会显得又细又长？**总而言之，请先站在镜子前面不断尝试，找出“该在什么地方，用什么方法来强调出自己的女人味”**。这个步骤，正是培养时尚感的秘诀。

How you feel the clothes you wear today

衣物的质地可改变女人的触感

当天要见的人、当天要做的事，以及当天的天气，这些都是选择衣服时的参考要素。另一个应该重视的重点，其实是衣物的触感。

人们的肌肤、表情及动作表现，会与接触物品的柔软度成比例。例如许多男性喜欢女性穿着毛茸茸且质地光滑的衣服，除了视觉上的影响之外，最重要的是女孩子穿上这样的衣服后会变得相当可爱动人，且柔软的触感可让男性在触摸到衣物时出现怦然心动的感觉。

事实上在穿这一类的衣服时，光是手臂穿过袖子的瞬间，就能让女性的少女模式全开。柔和的触感直达内心深处，使人不知不觉会露出清纯且可爱的表情。在这股舒服的触感下，女性便能一整天持续散发出可爱气息。

相反地，质地偏硬的夹克则会让人的内心与姿势都变得挺直，而表情也会自然变得威风凛凛，甚至是肢体动作与走路的方式，也会变得相当有自信，就连肌肤也会显得更有活力与弹性。

身为一个美人，就应该配合当天的地点、时间及场合来选择衣服的质地。只要学会利用衣服的柔软度来营造当天的内心情境，那么身为女人的偏差值也就会立即上升。

shoes

高跟鞋的高度等于女人的高度

高跟鞋穿起来一点也不轻松，但女人为了自身的尊严，宁愿忍受辛苦的感受而持续穿着高跟鞋。为了让女人的脚看起来更美，鞋子是在一厘米一厘米的精密计算下所完成的。也就是说，鞋子是能让脚变美的装置。选择鞋子的第一个重点，就是选择能让脚变美的鞋子，其次才是鞋子本身的设计感。每一位女人，都应该要有让自己“觉得变美”的命运之鞋来陪伴自己一辈子。

vol.6
MANOLO BLAHNIK
Paris

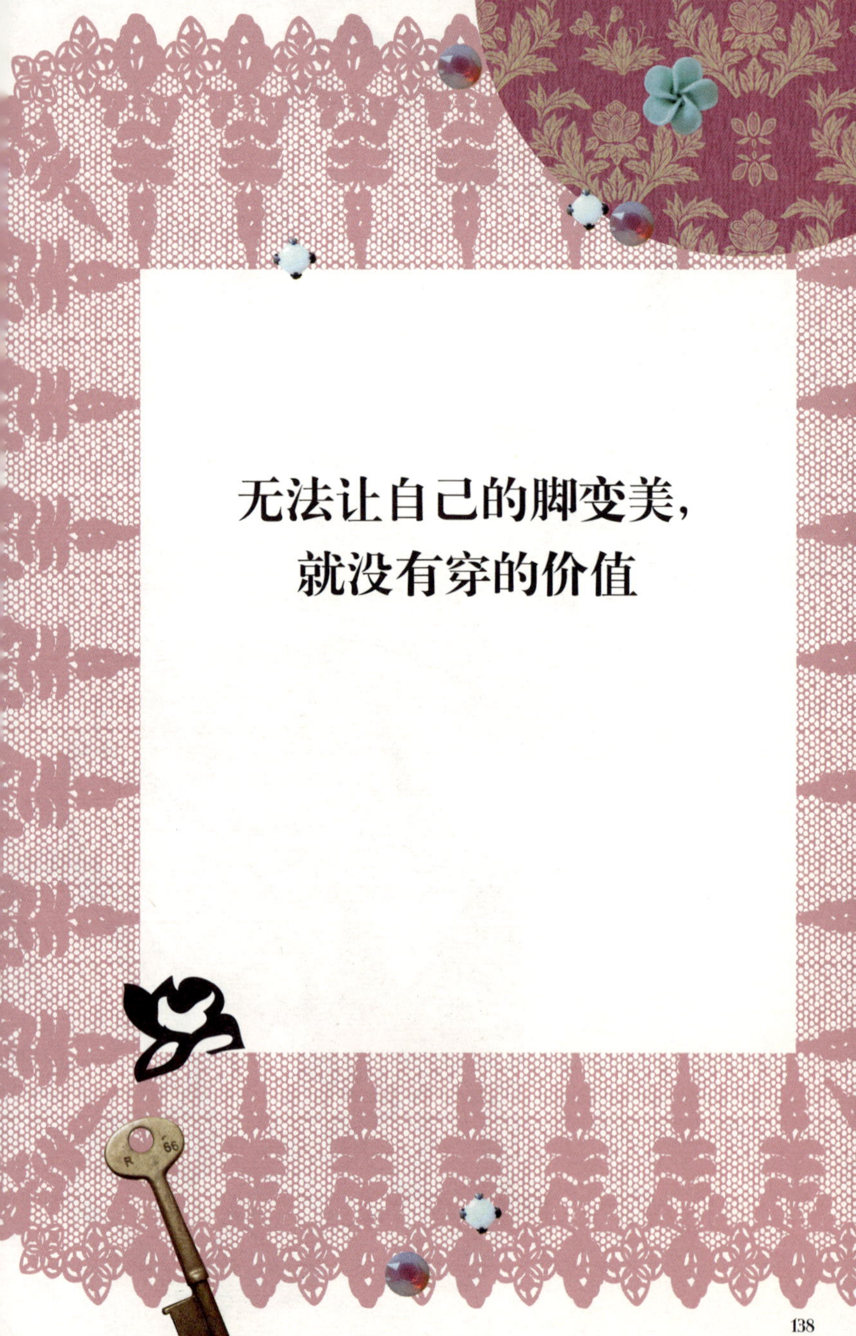

无法让自己的脚变美，就没有穿的价值

鞋子与脚也有八字合不合的问题。**无论设计得多出色迷人的鞋子，若是无法让自己的脚变美，那么穿起来就一点意义也没有。**

在试鞋的时候，建议站在连身镜前方，以 360 度的方式绕一圈仔细观察，不过这里值得各位特别注意的地方，是鞋跟与脚的合适度。双脚看起来美不美，其实会受到鞋跟粗细、高低以及接触脚跟的位置等条件所影响。尽管只是数厘米的差异，也会让小腿肚的位置、肌肉形状以及腿部整体的线条、长度等视觉，出现完全不同的感受。

在挑选高跟鞋时，基本上只要让双脚与鞋跟粗细呈比例就可大大提升成功率。对于双脚偏细的人而言，细跟高跟鞋可让双脚看起来显得更加纤细，但若是双脚肌肉较结实，穿上细跟高跟鞋后反而会让双腿看起来比实际还要粗壮。若自己的脚多肉，其实穿上鞋跟愈粗的高跟鞋，反而会让自己的双脚看起来更美。

另外在试鞋时，建议裸足，不要穿任何的袜子，包括丝袜，如此一来，才能切实观察到双腿的肉感、肌肉以及肌肤状态。只要整体的平衡状态良好，小腿肚的位置、形状以及膝部也会显得紧致有型。除此之外，选择鞋子也要选择站立时支撑感佳的类型。在穿高跟鞋时，千万不可在膝部上方或大腿前侧施力，或者是让小腿肚的肌肉明显隆起。因此千万不可受鞋子的外观所影响，而要运用个人的眼光与品位，来打造出迷人的双腿。

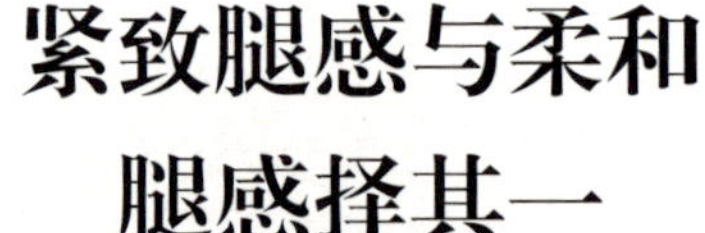

紧致腿感与柔和腿感择其一

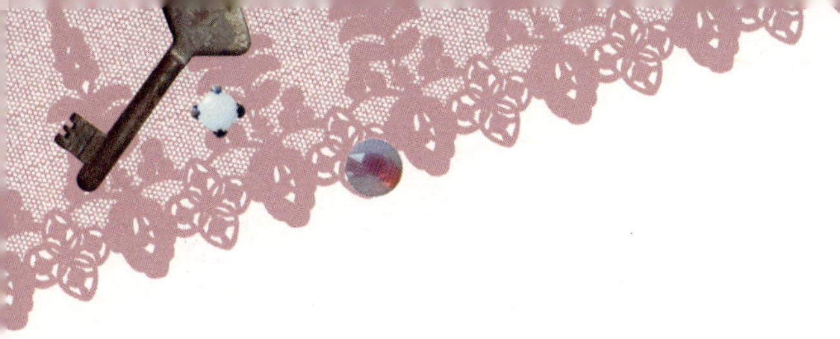

说到经典不败的时尚名腿，全球女孩都会想到《欲望城市》中，莎拉·杰西卡·帕克那纤细的双腿。全球找不到第二个人，可以把 Manolo 或 Louboutin 的高跟鞋穿得如此淋漓尽致。不仅仅是纤细的视觉感而已，连那紧致的线条也令人憧憬不已。

另一方面，带有柔和感的双腿，则是在亚洲美旋风下风靡全球时尚界。带有柔和感的双腿，其实是外层柔和但内层紧致，也就是平衡感极佳的迷人腿部。身为美人就应该努力让自己的双腿，能自由呈现出这两种不同的腿部。

若想打造犹如莎拉般的紧致腿感，就必须以小腿前侧为中心，涂上一层美容油或饰底乳。美容油可营造出立体感，让双腿看起来更加紧致，而饰底乳则能让双腿的肤色看起来更美。若是希望双腿看起来更加紧致，则要在小腿前部的两侧，轻轻拍上比双腿肤色暗两个色调的蜜粉，借此打造出阴影感。最后再穿上鞋身较浅的高跟鞋，就可顺利完成紧致与纤细的双腿视觉感。另外，若在足背加入一些呈现光泽感的元素，便能让整体的质感再加分。

柔和腿感最重要的地方，在于带有弹性的部分。建议在使用磨砂膏去除老废角质后，再搭配美容油按摩。最后，再将数滴美容油加入乳霜，为肌肤同时补充水分及油分。如此一来，就可打造出内侧滋润而外侧充满轻柔感的双腿视觉印象。

高跟鞋的高度等于女人的高度

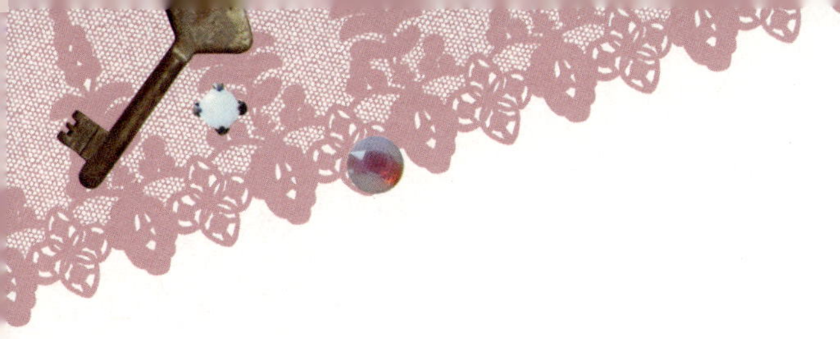

高跟鞋当中，隐藏着提升女人味的秘密。举例来说，尽管今天拍照的部位是胸部以上的脸部，许多模特儿还是会穿着高跟鞋。这主要是因为高跟鞋不只能让身体曲线变得有韵味，还可让脸部表情显得更有女人味。

在穿上高跟鞋之后，身体就会自然地在腹部施力，并让全身处于恰到好处的紧绷感当中。如此一来，腰部的曲线会变得明显，胸部看起来会更为丰满，而背部也会笔直地竖起。除此之外，锁骨会自然浮现，让整个胸口到肩头的线条都散发出自然的光泽感。在这样的状态下，脖子看起来会显得细且长，因此可营造出出众的纤细与小脸效果。另一方面，脚踝的部分也会变得紧致且曲线毕露，而且打造大腿根部到臀部曲线的美臀效果，比穿上塑身裤的效果还要好。只要双腿的视觉感变长，头身的比例就会变好，自然地就可让体形看起来更完美。当然，身体的变化也会反映在脸部与内心。只要自己有自信觉得“我是美人”，那就可以自然散发出美人光环。

对没有自信穿着高跟鞋在户外走动的人而言，建议可在房间里练习。只要身体记住自己穿上高跟鞋的样子，那么身体便会自然地记住这股女人味。就是这数厘米高的高跟鞋，让女人显得更有女人味。

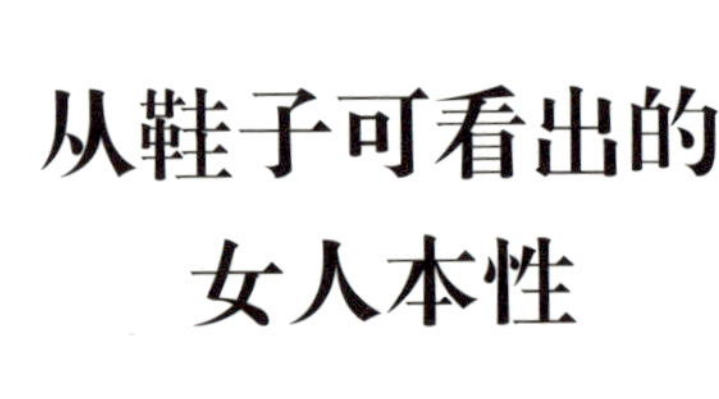

从鞋子可看出的女人本性

女人的本性，从“鞋”便可见一斑。

特别是高跟鞋的鞋尖及内侧等地方，更能完全展露女人的本性。例如鞋尖往上翘且发出铿锵般金属声的高跟鞋、鞋身内侧脏污或藏有污垢的高跟鞋，以及鞋尖脱皮变色的高跟鞋，全都是最糟的状态。过去我看过数万名女性及数万双高跟鞋，可以肯定的一件事就是脏鞋的主人绝不会是美人。也就是说，鞋子能反映出人的个性。

因此，**当一个美人的基础条件，就是要保养鞋子。只要小心呵护鞋子，并经常穿着美美的鞋子，那么走到哪里都能散发自信。**

首先该做的基本功，就是每天回家后清除鞋子上的脏污。例如在玄关放着鞋刷，回到家后就能仔细刷去鞋子上的灰尘与泥土。若是鞋子脏了，则要使用柔软的布与清洁剂处理。另外，在买鞋时要记得补强鞋底，并在鞋子上涂上保养鞋乳或喷上防水喷雾。若是下雨淋湿鞋子，就要用干布吸走水分。如果连鞋子里也湿了，则建议用厨房纸巾卷起报纸后，再塞入鞋子当中。最后，将鞋子调整回应有的外形，再放在阴凉通风处自然干燥。

如果鞋尖开口或鞋跟脱皮，就送回店家处理。至于自己钟爱的鞋子，则是不要每天穿着跑，而是要给鞋子休息的时间，这样才能穿得久。

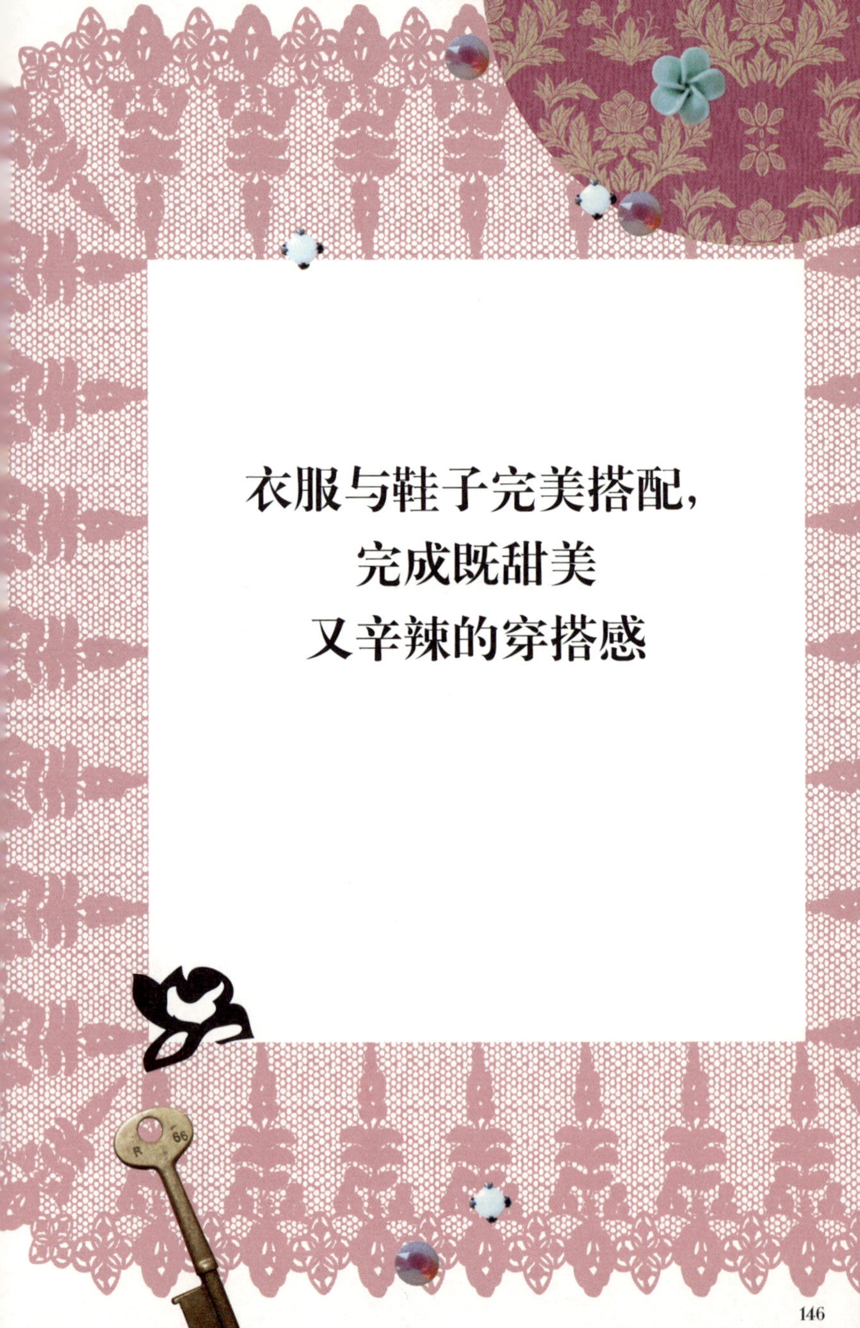

衣服与鞋子完美搭配，
完成既甜美
又辛辣的穿搭感

鞋子与时尚穿搭成功与否有很大的关联性。只要能让鞋子与衣服的视觉取得绝佳平衡感，就可打造出完美无敌的时尚风格。

为营造出时尚的气息，切记衣服与鞋子不可选择相同风格的系列。像是加入一些娇蛮风元素或混搭等特殊的变化，就可强化整体的视觉印象。

举例来说，在穿上女人味十足的衣服时，就不要再搭配同样会散发女人味的鞋子，而是要利用素面的懒人鞋或翼状雕花的鞋子来增添一点男孩子气。就是这么简单的诀窍，能使人立即变得时尚有型。

至于在穿必备款的条纹衫及牛仔裤时，只要搭配豹纹或缝有亮片的鞋子点缀，也能让基本款跃升成为特殊有型的风格。如果是邻家女孩般的装扮，则是要搭配加入一点金属感或大扣环的鞋子来增添辛辣感。

海外名媛或超模喜爱的内增高鞋，可说是一双绝不后悔的重要单品。在想要穿连身长洋装搭配平底鞋或帆布鞋时，内增高鞋款便能提升整体的时尚感。只要懂得挑选，就连不好搭的平底鞋也能够轻松变身成为时尚单品，并可打造出特殊的穿着品位。

双脚下的部分，是展现时尚的武器。就让我们完美搭配衣服与鞋子，来强化时尚女子力吧！

必备的命运之鞋

“将自信与爱送入女性的心中，是能让人变美的魔杖……这就是灰姑娘的魔法鞋。”

这是深受全球女性喜爱的克里斯提·鲁布托（Christian Louboutin），发表终极玻璃鞋时所发表的感言。就如他所言，鞋子是能让女人展现“变美”的自信，以及乐在其中并用心珍惜的终生伙伴。既然生为女人，当然要用这种灰姑娘的美丽魔法，来让自己度过开心的每一天。

究竟，在众多让女人变美的魅力鞋子中，到底该拥有哪些鞋款才好呢?

在这里，为大家介绍女人必备的鞋款。只要有了这些鞋子，不管搭任何裤子、裙子或衣服都没问题。这些都是能让人变美的基本必备品。

或许有人会觉得这样的数量有点多，但只要想到这些鞋子都是陪伴女人一生的鞋子，那么就一点也不算多了。

每个女人都应该拥有的鞋子：

1. 两双抢眼的亮面（闪亮）迷人的高跟鞋。鞋身偏浅，但鞋跟至少 7 厘米。

2. 金色或银色的凉鞋。这样的鞋子可让牛仔裤与礼服显得完美。

3. 两双黑色或棕色的素面靴子。无论是将裤管塞入靴子或是搭配裙装，都能完美地呈现。

4. 芭蕾舞鞋[A]。基本上请准备黑色款式，不过也能够选择红色或蓝色等自己比较少有的鞋色，借此强调出不同的风格。如果本身的身高够高，那么选择平底款即可，但若是身高低于 160 厘米，则建议选择鞋跟高 2~3 厘米的芭蕾舞鞋。只要让整体维持平衡，便可获得平底鞋般的穿着感与视觉感。

A Arepetto

5. 像是玻璃鞋般闪耀的凉鞋。穿上的一瞬间，就可让人觉得像是童话故事里女主角的鞋子，是每一位女性都应该必备的单品。

只要拥有这几双鞋，就能让你在一整年当中，当一个吸睛的时尚美人。

Raise your level with the taps of heels

提升女性魅力的魔法之音

穿高跟鞋是身为女人的特权。在哪儿也不想去的日子里，你会不会因为穿上迷人的高跟鞋，而想外出去走走呢？ 10 厘米高的鞋跟，可为女人带来 10 厘米的新世界与 10 倍的自信。穿着高跟鞋走路时，鞋跟发出的“叩叩”声，仿佛是提醒穿鞋者“身为女人”的声音。我认为，那是一种可以唤醒女人自觉的声音。

在流行趋势及舒适度等条件影响下，许多女性都开始习惯穿平底鞋，但一星期至少穿三次高跟鞋，让自己沉浸在女性的魔法之音当中。无论古今中外，适合高跟鞋的女人就是“有魅力的女人”。在选择高跟鞋时，可利用鞋深较浅的款式，来让自己的双腿看起来更美且更长。

高跟鞋所发出的“叩叩”声，是如此轻快且令人感到舒服。穿着高跟鞋走路时，只要将重心从鞋跟移往拇指，就可踩出完美的步伐与声音。

“不习惯穿高跟鞋”的人，就努力让自己习惯。就连模特儿也都是在房里穿着高跟鞋，并在镜子前面练习走路。建议各位在一开始，可选择低跟或鞋跟较粗的鞋款，来让自己慢慢习惯穿高跟鞋的感觉。只要习惯了，换上鞋跟再高的鞋子都不是问题。为让自己每天过得美美的且开心，最重要的是拥有一双像玻璃鞋般美丽的鞋子。有人说“时尚取决于脚下”，但我却认为“女人的幸福取决于脚下”。

vol.7

姿势

posture

只要姿势变好
曲线就会出现

姿势可隐藏许多缺点。好的姿势不仅可让人变美，还能赶走黑斑及皱纹。最主要的原因，就是正确的姿势可让血液循环变好。

只要让姿势正确且优美，就可锻炼躯干，让脸变小，胸部变大以及脖子变得细长。

站着就可散发出性感气息的美人，总是知道该如何维持正确的姿势。

改掉驼背，黑斑、皱纹立即退散

你在家或公司时，是否都窝在电脑前呢？长时间盯着电脑屏幕看，可是会让你的脸变大一个尺寸哦。不仅如此，脸色还会因此变得暗沉，而脸部肌肤也会松弛，造成脸上出现法令纹及木偶纹，这真的是非常可怕的一件事。

这些其实都是驼背造成血液循环不佳，进而引发新陈代谢下降所引起的问题。在人体全身当中，上半身是最容易堆积老废物质的部位。为持续支撑往前倾斜且重量并不算轻的头部，其实颈部与肩部都承受着相当大的负荷。驼背的问题不只在于不雅观，对于健康及美容而言更是百害而无一利的敌人！在现代社会中，许多女孩的脸变大，脖子变短、变粗，20多岁就出现法令纹、肌肤暗沉的人变多，痘痘愈长愈多，还有毛孔粗大等问题，其实都和驼背这样的不良姿势有关。

解决这些问题的最佳方法，就是正确的姿势与改善代谢能力。简单地说，就是为颈肩做好保暖工作。无论是泡澡、贴暖贴、敷热毛巾或将温水放入矿泉水瓶中热敷身体，都有不错的改善效果。另外，也要使用乳霜或精油按摩，避免老废物质堆积于体内。另外，只要转动脖子，就可有效促进血液循环。因此，请每天扩大范围活动肩膀数次，直到肩部变得温热为止。如此一来，脸色就会变得明亮，而且肌肤的透明感也会倍增。

让美进化的姿势

姿势优美的人，看起来就很迷人。

随着年纪不断增长，每个人或多或少都有习惯的姿势。在这些习惯影响下，左右脚的长度或左右脸的平衡也会改变，肩膀高度会不同，甚至是驼背或肢体愈来愈歪斜。

要改变这些长期养成的习惯，其实是一件相当困难的事情，有时候有心还是无法顺利改变。

其实，只要随时提醒自己伸展背肌，那么学习效率也会提升许多。将注意力集中于姿势的时间，虽然是以分作为单位，但因为可以搭配其他动作同时进行，因此实践上不会有太大的困难度，而且身体也会容易记住这些动作。例如在进行芭蕾舞、舞蹈、茶道、花道、弓道等活动时，都可将注意力集中于姿势上。

另外，也能通过大面的镜子仔细观察自己的身体，如此就能自然地提升自我意识，进而让姿势变得更美。**愈是客观地观察自己，就愈无法明显地变美。**在照镜子时，穿上薄衫的效果会更好。由于这种状态下的身体线条会变得明显，因此促使自己变美的速度也会变快。另外在家全裸时，也能发现体重计所无法反映的现象。

边走路边打造
腰部曲线

在路上，经常可见走起路来风姿绰约的女性。她们耀眼的光环，让人远在数百米外就已看见，即便是擦身而过之后，也会留有余韵。

令人感到心动且优雅的走路秘诀，在于直视前方的视线。

更具体来说，就像是有一条来自天空的细线吊起自己一般，以挺直身躯的方式，视线聚焦于数十米外的地方，并且跨出大小适中的步伐。

只要学会这样的步行方式，时尚度与美人度肯定能够明显提升。

许多日本人走路时，头都会自然地朝下，加上步伐小与摆动骨盆的方式，很容易让双脚看起来变短，而且整体的美感尽失。再怎么可爱的脸蛋，或是再精心的打扮，都会因为这样的走路姿势而功亏一篑。

这边需要特别注意的地方，就是骨盆在走路时不可摇动，而是要从腰部朝下施力。其中的一个重点，就是腹部周围的肌肉要用力。当足部接触地面时，请一边感受重心由脚跟移往拇指，一边直线踏出略大的步伐，如此一来就能让自己走路有风。正确且美的走路方式，能够打造腰部的曲线，同时可防止双腿变粗，更能发挥紧致双腿的作用。

性感的 S 曲线

为使别人看见侧脸的瞬间能感到怦然心动，其实身体的侧面线条也很重要，尤其是女性侧面特有的胸部及臀部曲线，更有一种令人不禁屏息的美感。

但若是过于强调这样的特色，反而会散发出低俗的性感气质，因此就让我们一起打造高接受度的完美身体曲线吧！

首先，坐在椅子上时，记得浅坐于椅面并双腿靠拢，同时将并拢的双腿微微倾斜。此外，记得挺直背部，这样才能呈现出动人的胸部曲线。接下来，只要在腹部用力的同时稍微往后挺出，就可完成完美的 S 曲线。记得，双手要放在大腿上。若想再多增添一些女人味，则可将双肘靠在桌子上，并轻轻地将双手握起后，再让其中一边的脸颊靠在手背上。

除此之外，在拍照的时候，记得以斜向站立，如此上半身就能自然地以正面朝向镜头。同时，记得竖直背部、腹部用力且让腰部略为往前挺。这么做的话，就可打造出迷人的胸部与臀部线条。

在完成上述动作后，记得将前脚尖朝着镜头往前伸，借此营造出美腿效果。另外，双手交叉于肚脐的高度，这时候锁骨会变得明显，而让上臂与腋部稍微保持距离，则能够让上臂及颈部的视觉感变细。

Dior
Dior

Watch yourself from outside

“女主角”之路

在这个世界上，我们唯一看不见的其实是“自己”。

但若希望变得有魅力且姿势与动作迷人，那么最好的方式就是从外部观察自己，感觉就像是灵魂出窍一般。

这里建议各位的做法，就是从远处观察自己。虽然这需要一点想象力，却能像观察电影女主角般地确认自己的外表、动作及表情。

这是效果相当好的方法。只要走路、坐下及站立，就可让每一个动作都变得仔细且充满魅力。

有花朵装点的双手、打电话时的姿势与表情、在咖啡厅阅读书籍的姿势、在车站等车的身影……这一切都将会变得自然及美丽，宛如打动人心的浪漫连续剧一般。只要觉得自己像是个女主角，那么便会觉得自己是多么特别且惹人怜爱。在烛光下喝热可可，穿着心爱的家居服吃杯子蛋糕，穿着芭蕾鞋并提着购物篮在超级市场购物。只要一点点变化，就可让过去视为平凡的动作与行为都变得有时尚味。

像个女主角般生活，一定能让自己变得有魅力，且过着美好的每一天。请各位务必尝试看看。

havior

动作

对于演艺圈的人们而言，心中的高处都存在着另一个自己。为使自己能变得更为理想，每个人都会通过另一个自己，来随时确认自己的一举一动。

“该呈现出怎样的自己”是判断女人是否连动作也动人的基准。

vol.8 be

该如何使用
名为自我的武器

超越外表的声音

当有人称赞自己“声音真好听”时，感觉就像是在说“你真迷人”一般，这其实是相当不可思议的感受。声音和五官及身材一样，都可视为女人所拥有的实力，也就是一种可发挥超越外观之吸引力的特殊条件。正因为如此，我们要像保养肌肤及打造身体曲线一般，多用点心在声音及说话的方式上。如此一来，你就一定能变得更加可爱且有魅力。

迷人声音的条件，就是能让耳朵及内心感到舒服。只要耳朵听见后会感到舒服，那就是理想的声音。无论是男或女，那种能够深入人心的声音，才是最性感、最柔和且最温暖的声音。无论是甜美、低沉、轻柔或厚重，最重要的是要有味道。

声音的味道，无法简单地利用混合天生特质、人生经验及五种感官而成，但只要一直提醒自己要变成特定的声音，久了自然能够让自己的声音出现变化。例如速度较慢且声调略低的声音，听起来会比尖锐刺耳的声音还要舒服且容易深入人心。另外，语尾拉长、句子不中途间断，以及用柔和的感觉结束语尾，都可营造出优雅的印象。仔细观察自己的声音及说话方式，其实是打造有味道好声音的最佳捷径。

打造动人好声音的饮品食谱

或许有人看完上个小节后，认为声音并无法改变。但事实上，声音是能改变的。

举例来说，我有个朋友在向外宣告“我要变成 Perfume 那样的声音”之后，当天起就一直以独特的细语说话。令人大感意外的是，在一个月后她的声音几乎与 Perfume 相同。我很好奇她在家是否也如此，结果她的男朋友表示：“她连吵架或说梦话都是这个声音。”

也就是说，我这位朋友的声音已变得与她想要的声音相近。女人若是不注意，声音很容易会随着年龄的增长而失去鲜度，反而会显得粗鲁无礼。清澈的声音能使人由内至外散发出透明感，而柔和的声音则能令人感到温柔。因此，既然此生身为女人，就应该拥有充满魅力的声音。虏获人心的声音该如何打造？其实很简单，就是别让声音只留在喉咙里，而是想象在口中混合声音与空气之后，再将气吐出口外。如此一来，就能让声音带有湿度。

这里介绍可简单增加声音滋润感的饮品做法。首先将白萝卜与生姜磨成泥后榨汁，再将蜂蜜及温水倒入其中。这时注意别让温水的水温过高。最后将大量的蜂蜜倒入玻璃瓶当中，也建议将切丝的白萝卜与生姜浸泡于其中。另外在睡觉时，则应该使用加湿器或戴着加点水的口罩以防止喉咙过于干燥，而经常补充水分以维持喉咙湿润也是相当重要的喉咙保养工作。

提升美人力的
“前端美”

连手指、脚尖等前端部位都注意到的人，在人群中看起来就像有聚光灯照射般亮眼。

只是拿个玻璃杯、拨个头发或是跷腿，就可散发出令人心醉的气息。这种自然改变动作与外表的原动力，其实就是自信。自己能亲眼确认的手脚之美，可转换成“自己现在很美”的自信。也就是说，自己会促使自己变得漂亮。**这时候，能有效发挥刺激效果的部位，就是手指与脚尖。**

这里我想以芭蕾舞者为例。芭蕾舞者那精心琢磨过的美，可说是至高无上的艺术。即使现在不是芭蕾舞者，但只要小时候学过一点芭蕾舞，都会散发出过人的优雅气质。过去让我觉得心动的女性，几乎100％都学过芭蕾舞。

我并不是鼓励大家学习芭蕾舞，但建议大家能将芭蕾舞的动作与气质带入日常生活之中。例如用手指轻轻固定吸管，或是坐在沙发上时将手轻靠在扶手上，只要小小的动作，就能令人瞬间变得优雅。即使没有人注意到也没关系，最重要的是自己要熟悉“前端美”，并将这样的感觉带入日常生活之中。只要不断地提醒自己，那么内心就会告诉自己“变美了”。在这样的状态下，你一定会变得比过去还要美丽动人。

被爱的坏女人

CHICCA是我个人相当喜爱的化妆品品牌，该品牌的品牌总监吉川康雄先生曾经说过“像法国女星那种又坏又美的女性真是有趣”。果然，“女人若想更惹人怜爱，就不应该只是顺从，而是要有点任性”。令人感到意外的是，“乖巧的好女孩”反而因为缺少女性有趣的一面，而容易被遗忘。

时而令人眼红心跳，时而让人感到些许无奈地说“真拿你没辙”的女性，才是真正有魅力的女人。事实上，每个人都希望“别人回头来注视自己”，但只要巧妙掌握吸引他人目光的方法，就可变得可爱万分。

许多生性老实的女性总认为，只有少数特殊的女性，才有办法吸引男人回过头来多看自己一眼……或者是成天担心男朋友会不会讨厌自己。对于这样的女性，这里就来教各位如何变成被爱的坏女人。**最重要的关键点，就是像小孩般天真可爱。**简单地说，就是在讨厌一件事时不可以说“我讨厌”，而是要换个方法说“我希望”或“我觉得……比较好”，借此将否定的表现转为肯定的说法。当然，命令式的语调也是决不可犯的大忌。只要记住要可爱地表现，而且不要像个恶魔，而是要表现得像个小恶魔。在对方接受自己任性的要求后，一定要夸张地表达开心的情绪，并展露笑容地说“谢谢你”“你好棒”“我真的好开心哦”等话，来让对方也感到愉悦。简单地说，就是运用娇蛮的魔力。明明就是个成年女性，却拥有天真又任性的“不足感”，这样的女人才是备受宠爱的好女人。

让人瞬间变美的
“内侧向量”

若想让自己看起来变得可爱，就试着将身体的向量转到内侧。所谓内侧向量，是指手脚以身体为中心的转动。在观察模特儿的姿势后，可发现她们在营造可爱或甜美气质时，都会将膝盖、脚尖、肩膀或手臂等部位朝向身体内侧。最重要的诀窍，就是缩得比肩宽还要小。

尽管只有身体的一小部分，只要让身体的某个部位朝向内侧，一个人的气质与表情都会变得甜美，同时还会引发相当不可思议的连锁反应。

这个向量，在脸部五官也能引起类似的作用。

例如将腮红擦在靠近脸部中心的位置上，就可打造出清纯又甜美的脸部视觉感。在眼睫毛方面，特别是在下睫毛的部分，只要加以强调就可让可爱度瞬间提升。在嘴唇方面，以中心涂上厚厚一层几乎让唇峰快看不见的唇蜜后，也能打造出甜蜜感十足的可爱妆容。

不过要特别注意，别全身从里到外散发出过多的甜蜜感。毕竟身为美人，最重要的是不过度偏颇的平衡感。对于女孩而言，可爱是毕生追求的目标。因此，偶尔要利用内侧的向量，来体会一下甜美的自己。

假睫毛与角膜变色片是美丽与刺眼的分界点

在许多时候，美丽与刺眼只有一线之隔。千万不可过度强烈地表现美丽。若是过于贪心，反而会让自己美感尽失。因此那些漂亮的美美元素，务必自然不做作地运用。其中最需要注意的部分，就是假睫毛及角膜变色片这些不属于身体一部分的装饰品。**虽然这些都是能让女孩宛如重生般，可瞬间变可爱的魔法道具，但由于威力相当强大，因此使用不当也可能变成带来毁灭的毒药。**所以在选择假睫毛时，应选择根根纤细且柔软具有弹性的类型。太粗且硬的假睫毛除了不自然外，还可能让眼睛看起来变小。建议各位可用睫毛膏让假睫毛与自己的睫毛融为一体，例如配合两者之间的长度以及卷翘的角度，而这个仔细刷睫毛的过程，才是最重要的步骤。

假睫毛不可选黑梗，而要选择透明梗。若想让眼睛的宽度倍增，则是让假睫毛突出眼尾以增加长度。另外，在想表现出忧虑感时要强调眼尾部分，如想让眼睛变得更大，则要强调眼黑上方的部分。强调局部的方式，感觉绝对会更真实且自然。另外也建议使用能够强调清纯感，且让眼睛显得更大的下假睫毛。

在角膜变色片方面，变色范围过大、颜色过黑或过淡的咖啡色都不适合。只要戴上比黑色还要略为柔和的棕色系变色片，就可让肤色变得明亮，同时也让整体的感觉显得干净清澈。

24 小时都像模特儿般迷人的杂志阅读法

模特儿看起来之所以显得美丽迷人，全是因为她们知道如何表现自己。在满载模特儿照片的时尚杂志中，其实浓缩着许多能让女孩看起来更迷人的姿势与技巧。千万别不争气地说："她们是模特儿，看起来当然很特别。"对于模特儿而言，从自然的姿势到表情，全都是用心打造而成的。除了站立、步行、坐姿之外，等待他人的模样、聆听他人说话时手摆放的位置，甚至是回眸时的转身角度，不管哪个画面都相当迷人。像这样的**杂志，其实就是让你的姿势能变得像模特儿的最佳参考书。**除自己喜欢的杂志之外，若连平时不太接触的杂志也加以涉猎，那你也能变得更加时尚。

就连模特儿也一样，其实她们在一开始也会觉得害羞而无法摆出迷人的姿势。因此她们会参考其他模特儿或杂志内容，不断地通过模仿来学习。因此，你也可以模仿"自己想要的样子"，并试着在镜子前面摆姿势。即便只是改变脚尖方向、颈部转动角度以及双唇间的缝隙，只要一点一滴地改变自己，相信你的动作一定也会有所变化。所以以后看杂志时，别再用女人的角度去快速翻阅，而要以男性的立场仔细研究。如此一来，你也能慢慢变得更有魅力。

高层次感取决于指甲

时尚美女的指甲，总是简朴自然。装饰美甲的风潮俨然退烧，洗练感十足的指甲才称得上是高层次。

身为一个美人，必须学会如何搭配指甲的颜色与脸部的肤色。最主要的原因，就是双手是经常靠近脸部的人体部位。除此之外，双手也经常与脸部一起残留于他人的印象之中。因此在选择指彩时，也要像选择口红或腮红般，选择能让肤色变美的颜色。建议各位在试色时，可以先将透明胶带粘在指甲上后再试擦。

在试擦完指彩后，请用托脸的方式让指甲靠近脸部，并务必通过镜子做确认。光是指甲的颜色，就能让肌肤看起来显得轻柔，但也可能让肌肤显得暗沉无光。由此可见，这个小小的面积，其实也拥有相当强大的威力。

最推荐各位使用的颜色，就是可提升肌肤透明度，使人显得清纯的水蓝色。若想提高肌肤亮度并展现出流行肤感，则建议使用米灰色。另一方面，红色指彩则能让肌肤显得白皙。

不过我个人最喜爱的是桃粉红。这个颜色可让日本人偏黄的肌肤显得水润感十足且温暖有透明感，可说是能够瞬间打造出虚幻及性感的魔法色彩。

KINGSTON UPON HULL
19 DES 1984
HUMBER BRIDGE
POST OFFICE

CARTE POSTALE

Make you much feminine with your hands

散发费洛蒙的开关 掌握在自己手中

拍摄杂志照片时有个小技巧，那就是想展现魅力或迷人的感觉时，只要将手贴近脸部即可。在这个时候，切记手指的关节要轻轻地微弯。

女人将手贴近脸部的瞬间，是许多男人为之动心的画面。在这个瞬间，贴近脸部的手可让女人的脸颊与嘴唇，变得更为立体诱人。就是这种清纯与性感混合的一瞬间，最令男人感到心动。

另外还有一个名为“加一的肤色法则”可令人感受自己的魅力所在。简单地说，就是脸部附近若有另一种肤色，就可提升脸部肤色的清透感，进而增加魅力度。在许多广告中，都可见女模特儿将脸部或嘴唇靠近肩部的画面，而这样的画面是否也让你感到可爱又性感呢？这，就是巧妙运用“肤色法则”的最佳实例。除此之外，手臂或膝盖靠近脸部的效果亦相当不错。

当女性的脸受到抚摸，费洛蒙就会大量提升。在肌肤受到触摸后，除美肌荷尔蒙增加之外，就连魅力与水润感也会从肌肤内侧向外散发。被喜欢的人抚摸脸颊的幸福感，其实也能利用自己的双手营造。就连我8岁的二儿子也对我说：“妈妈你把手贴在脸上比较可爱。”由此可见，这样的迷人动作，适用于所有的男性。

镜 子
mirror

vol.9

愈是没有镜子
愈是不看自己，就会变得愈丑

镜子是女人进化与退化的分界点。若是不照镜子，美就会退化。例如已形成的黑斑与皱纹不会消失。但若是在黑斑与皱纹形成前或刚形成时，就可利用去角质或保养的方式消除。只有镜子，才可以帮助我们发觉黑斑与皱纹的存在。只要每天多照几次镜子，你的美就会更为加速。

12 倍的真实之镜

建议各位早、中、晚一共三次，观察12倍的真实之镜。

12倍的镜子可让你确实看见当下存在的黑斑、皱纹与毛孔，甚至是肤纹的状态也能看得一清二楚。**而这面镜子最可怕的地方，就是能清楚发现不久的未来可能出现的黑斑与皱纹。**

我第一次照这面镜子时，因为冲击过于强大，所以我立刻买了三瓶美白美容液[A]以及三组面膜。虽然令人震惊的事实让我情绪相当低落，但多亏我及早发现这些肌肤问题的根源，所以我才能加以消除，而且肌肤状态也从那天起变得更好。

在保养肌肤时，**只要想着“我一定要改善这个○○问题”的话，就会变得容易发挥效果。**黑斑与皱纹只要一形成，就无法消失。只有在形成前或刚形成时，才可靠自己的力量加以消除，**因此请善用12倍镜子的力量，及早发现及早消灭黑斑与皱纹吧。**对于黑斑问题，可使用添加维生素C衍生物、洋甘菊萃取物及Rucinol等美白成分的保养品；对付皱纹则是选择添加胜肽、富勒烯、EGF、维生素A等抗老化保养品。

女性大致可分为两种类型，一种是绝对不照镜子的女人，另一种则是认真照镜子的女人。过了5年或10年之后，谁的肌肤状态会比较好，届时就可见真章。

A HAKU、SKII STEM POWER

一天照 10 次镜子，所有问题都会消失

每个女人每天至少要照 10 次镜子，不是 8 次，也不是 9 次，最少一定要 10 次。只要随时提醒自己每天照镜子，就可掌握适合自己的肌肤保养方式以及不脱妆的化妆诀窍。

只要每天照 10 次镜子，肌肤问题就会锐减，并可了解自己保养与化妆上的缺点，使自己变得愈来愈美。正因为这样的“确认”动作，才能让肌肤的状态变好。

第一次

起床后立即在阳光下确认肌肤与脸部状态。一边触摸 T 字部、脸颊、鼻翼及眼周，确认前一晚的保养过程是否有不足之处，之后针对干燥部位，以不使用洁颜品的方式加以清洁。举例来说，若是脸部整体呈现干燥，就用温水洗净全脸。温水可在不带走皮脂的状况下清洁脸部脏污，因此可说是最适合的洁面工具。由于温度过高的热水，会将肌肤所需的皮脂也一并清除，因此要特别注意。若是 T 字部泛油光但脸颊却呈现干燥状态，那么只需要针对 T 字部使用洁颜品，其他部分利用温水清洁即可。

第二次

洗脸后再次确认肌肤状态。先确定毛孔状态、肤纹细致度及干燥部位后再决定保养方式。例如对于干燥部位，就要比其他部位更仔细地补充水分及油分。在敷完化妆水[A]面膜之后，接着涂上满满的美容液，最后再涂上乳霜。至于滋润度充足的

A 将化妆水倒在化妆棉上，并敷在脸上 3~5 分钟。当肌肤内部出现清凉感，就表示已经完成敷脸工作。建议使用的化妆水为 illume Moist Capture Essence Water、Kiehl's Clearly Corrective White Clarity-Activating Toner

部位，则是在涂完美容液之后，接着涂上油分比乳霜还少的乳液。对于T字部等较容易出油的部分，则是只涂上美容液就足够。这时候，请亲身体验“正在保养中的自己”。这股“正在保养”的实际感受，能让保养品的效果更加提升。

第三次

化妆时。使用全身镜及手镜两个镜子，一边对照视觉平衡感，一边化妆。

第四次

出门工作前的最后确认。确认全身360度、脸部、牙齿及发型。

第五次

与人见面前务必确认肌肤状态、妆感及眼睛与牙齿的透明度。

第六次

餐后刷牙及补妆时。

第七次

回家后。在见家人之前确认自己的脸看起来是否疲累并补妆。

第八次

在卸妆前于荧光灯下确认毛孔、皱纹及肌肤暗沉的状态。另外也要仔细确认脱妆的部位。若有任何问题，就从明天起加以改善吧！改善的开始，就是选择卸妆品的种类与洗脸方式。

第九次

洗脸（入浴）后，确认脸部及身体的肌肤状态与曲线。决定保养程序之后，一边照镜子，一边保养肌肤。夜间的保养工作基本上与白天相同。但要根据脱妆状态与洗脸后的肌肤状态来拟定保养程序，例如干燥部位加强保养，若是觉得今天肤况不佳，则是加入敷面膜或去角质等特殊保养程序。

第十次

在上床熄灯之前，再次确认肌肤是否有干燥之处。若发现干燥处，就补擦美容油或乳霜。最后再擦上护唇膏与护手霜后就寝。

这就是每天照镜子的基本时间点分配。照镜子是唯一可确定自身状态的方法。正确、客观且亲自观察、触摸与确认当下状态，是让自己变美的最佳捷径。

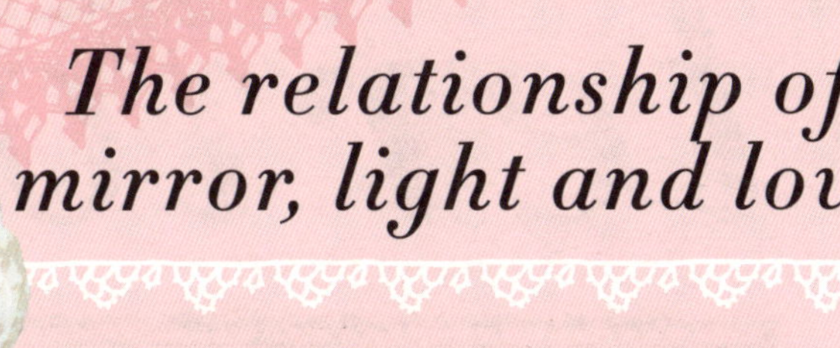

恋爱与镜子、灯光的关系

“配合约会地点灯光化妆”，是约会妆的正确画法。

在约会之前，请想象约会地点的状况，再根据灯光明暗来决定妆感。首先通过镜子模拟男友的视线，确认肌肤与妆容的细部状态，如此一来，就不会有弄巧成拙的问题发生。最后，不只是正面，而是要360度地观察可爱的自己。

举例来说，若是要在阳光底下约会，就要在同样有阳光洒落的窗边化妆。在阳光下所完成的柔和妆感可散发出绝对的可爱气息，因此建议打造像棉花糖般的轻柔粉嫩肌，借此强调出纯洁无瑕的视觉感。举例来说，眼线用柔和的棕色系，眼影则挑选带有滋润感的颜色。接着利用带有轻柔感的腮红与牛奶色口红来营造出充满透明感的清纯妆容。在阳光底下建议避免使用带有珍珠光或亮片的彩妆品。

若约会的时间是晚上，就在室内灯光下化妆。在灯光昏暗的环境下，若采用深色系眼妆则会让眼部看起来一片黑。因此，若想要眨眼时展现水汪汪的大眼妆感，建议使用具有透明感的眼影。另外，睫毛的阴影可让忧郁感倍增，并可让眼尾呈现出无辜的下垂眼感。若想在昏暗环境下增添可爱的妆感，建议擦腮红的部位以正中央偏高的位置为主。只要搭配淡粉红色的打亮粉饼，就可打造出烛光下也会令人心动的可爱双颊妆感。

家饰

Interior

美肌的最大敌人是压力。只有自己的房间，能够为自己消除累积一整天的疲劳感。该如何在房间里修复一整天下来逐渐失去光芒的自己，其实是相当重要的问题。再者，漂亮的房间可打造出美人。没有清洁感的人，大多都是房间脏乱的人。只有让自己的生活空间整齐漂亮的人，才算是真正的美人。

vol.10

舒服的触感
与抚摸肌肤的空间
才是养成美人的地方

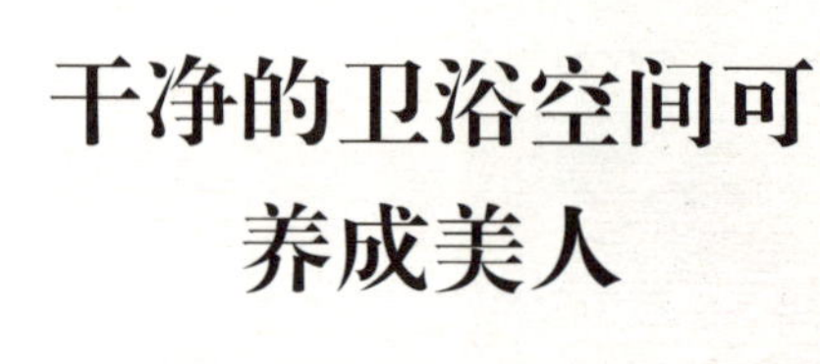

干净的卫浴空间可养成美人

为了让自己变漂亮，绝对必要的是“少女心”，而能够提升少女心的地方是浴室、洗脸台及梳妆台。在这些地方所度过的时间与感受，是打造美人的关键。对于这些地方而言，打扫干净且保持整洁是最基本的要求。接下来，最重要的就是打造一个能够提升自我意欲的空间。

在灯光方面，应舍弃明亮的荧光灯，而是选择暖色系的灯饰，如此一来可提升疗愈效果，并提高保养品的吸收能力。一般建议卧室用小灯或蜡烛。另外，就是利用香水、身体蜜粉、身体乳霜及身体乳液等光看就觉得开心的物品，来装点完美的空间。喜欢的香味，其实是养成美人的绝对条件。

建议各位使用玻璃饰品，来一口气提升整体的气氛美感。例如将化妆棉放在玻璃盒中、将洗手乳装到古董风陶瓷瓶当中，或是将鲜花插在玻璃瓶当中。

另一个魔法道具是竹编容器。只要一个竹篮[A]，就可营造出特殊的空间感。例如将浴巾、按摩用品或吹风机等美体工具或化妆道具放入竹篮中，其实也是相当不错的收纳选择。

A Catherine Denoual

美丽与运气
来自于阳台

对于美人而言，自然是相当重要的条件。能够感受到自然的地方，是可让身心都获得解放的特殊空间。能够让人享受自然与接触自然的地方，就只有阳台而已。

“舒畅”是产生滋润感与优雅感的重要原动力。因此，请各位也打造一个能让自己感到“舒畅”的专属阳台吧。**只要接近绿色植物，身体的免疫力就会提升，神经系统也会变得稳定。**

只要经常接触户外空气，并让新鲜的空气进入身心，就可使人感到神清气爽，进而产生挑战新事物的力量及勇气。例如可在阳台搭起木制栅栏，或是在冷冰冰的空调室外机外面装个木制外壳。只要简单的变化，就可使人感到不同，而且也能打造出特殊的时尚空间。简单地说，就是用“舒畅”的感觉来充实养成美人的阳台。

从风水的角度来看，阳台给人的感觉舒不舒服，也会对幸福的运气产生影响。特别是听说椅子与花所拥有的神奇力量，可补充日常生活中自然消失的运气。即使阳台空间狭小，只要打造得能让人感到放松，或是可看得到花朵，那就可提升自我的运气。

利用可爱的花朵获得
可爱的魅力

只要在房间里装饰某样物品，就一定能使人变美。那样物品，就是花朵。

充满活力且气质柔和的鲜花，可随着房间内流动的空气散发香味。这股新鲜且充满滋润感的香味，可让内心的紧张情绪获得舒缓。装饰在房里的花，会与房间主人的美相乘。若想打造性感且洗练的美感，建议使用玫瑰花，若想要可爱纯洁的感觉，则建议摆放芍药花。如果想打造既可爱又甜蜜的感觉，则适合选择色彩多样的小花。

花朵的美，绝对会转移到房间主人的身上。因此，千万不可摆放干燥花。就让我们一起在房间里，装饰充满水润感且柔和的鲜花吧！装饰鲜花的容器与空间，务必每天换水并保持清洁。另外，也建议使用延命剂。若使用这样的药剂，就算 2~3 天换一次水也没问题。建议在水变得混浊前，一定要更换新鲜的水。

频繁为花朵浇一点水、以可爱的方式插花，或是经常与花朵接触，这些行为都能使内心世界变得柔和且华丽。

即便是一朵小花，也是带来美丽与幸福的一把钥匙。

每天在房间里装饰花朵的充实感，其实是提升美丽之力的神奇魔法。

打造理想自我的房间

房间就代表着一个人。充满自己喜欢的物品，且令人感觉舒服的房间，其实是打造美人的秘密。房间整体的氛围，是影响一个人内心的关键。因此房间里令人感到不舒服或令人无法接受的状况，都必须尽早给予解决。建议的做法，就是模仿崇拜对象或喜欢的店家摆设。另外也可以参考杂志中的房间摆设特集或参考自己喜爱的名人房间摆设。

然而要让自己的房间变得理想化，其实是一件不容易的事情。因为在金钱与时间方面，都算是不小的负担。虽然和每一个命中注定的事物相遇时，都可让人感到相当开心，但若想立即改变房间的氛围，最快的方式就是改变一个大的目标。例如，在窗帘、餐桌、沙发与灯光[A]等家具中，只要改变其中一项，就可改变整个房间的感觉。

另外在自己喜欢的地方，排满许多美好的物品，也能使人心情变好。例如我最常做的是，在我最喜欢的梳妆台上，自然地摆放迷人的香水瓶、身体乳霜、蜡烛及花朵。即便只是摆放几样迷人的小饰品，也可以让房间的氛围出现变化。

A SHABBY CHIC、Urbari outfitters

让房间变身的
小小魔法道具

如同“手”是影响美人气质的重要部位一般，门板与衣柜也是改变家具印象的重点。无法简单替换新品的大型家具，只要改变把手等其中一个组件，就可让房间完美地变身。

从 IKEA 或其他家具卖场买来的衣柜把手，其实都相当地平凡无奇，因此我都会换上古董黄金风把手，或是奢华风的玻璃把手[A]。只要几个把手，就可让量产的衣橱在瞬间变成定制品或古董家具。这，就是把手带来的魔法体验。

简单的小动作不仅可简单改变气氛，而且能让产品摇身变成全世界唯一的宝物。

同理，只要在墙壁挂钩或窗帘挂钩上多花点心思，就可让房间整体的气氛变得更有质感。只要更换就可简单改变气氛的魔法小道具，可让我们的生活及心情变得更加有趣。建议各位可到古董风家饰店选择有味道的古董风把手。那种宛如美丽饰品般、令人为之着迷的把手，可为平凡无奇的房间带来特殊之处。

A GLOBE ANTIQUES、Anthropologie

Become beautiful in the most comfortable bed

只有全世界最舒服的床
才可孕育出美人

伴人一夜好眠的床铺，最需要被打造成全世界最舒服的地方。对于努力一天而感到疲惫的心与在外受损一天的身体而言，只有床铺能给予呵护与修复。

一觉好眠，是消除身心疲劳感的最佳利器。只要好好睡上一觉，肌肤就会散发光泽且有弹性，甚至是透明度提升，连黑斑与细纹也变得不易形成。另外，柔和的灯光可安抚人心，进而提升保养品的渗透力，而心理压力获得缓解的状态下，身体也会变得不易出现健康状况，也就是具有抗氧化作用。另外悦耳的声音或音乐也能舒缓压力及消除疲劳，因此可防止细胞老化。

在寝具方面，我都统一挑选能提升美肌荷尔蒙，帮助肌肤变美的淡粉红及米白色系。这些颜色可让我像随时处于恋爱期一般，肌肤总是散发出健康的光泽感，因此我特别喜欢。

在枕头旁，我会放上我最喜欢的身体乳、护唇膏、护手乳、眼霜及美容油。在就寝之前，我会先照镜子以确认肌肤状态。入浴后保养所不足的部分，我则会在就寝前加强保养。

ry

饰品是能够
增添个性的道具

饰品是能增添个性的道具，也就是能展现个人魅力的武器。即便是小范围，只要增添一点点魅力，也能令人变得时尚，进而成为有个人风格的美人。即使原本就是个美人，也不会给人一种美得无趣的感觉。饰品和衣服、鞋子不同，是一种每个人都可轻易尝试的冒险。建议各位巧妙地搭配手拿包、眼镜或懒人鞋等单品来打造个人风格。

vol.II

accesso

眼镜的魅力

眼镜是一种能利用落差感紧紧抓住男人心的必备饰品。在特定穿搭之下，眼镜能在瞬间衬托出整体的时尚感，因此可说是时尚装扮的好伙伴。

若是注意落差感，那么最大的重点就在于利用戴上眼镜与摘下眼镜的瞬间，让男人为之动心。简单地说，就是适时地切换戴眼镜的时间点，例如在工作时自然地戴上眼镜，或是开车及在家时戴眼镜。若是害怕长时间戴眼镜会使眼睛变小，那就建议戴上隐形眼镜后再搭配无度数眼镜来增添可爱的感觉。

另外，另一个务必注意的重点，就是镜框本身的颜色。其实肌肤及五官的视觉印象，会随着镜框颜色而改变。若想利用眼镜达到小脸效果或拉提脸部的效果，最适合的就是黑色镜框。这时候建议不要选择小镜框，而是整个眼睛都能在镜框涵盖范围内的大镜框。

如果想提升脸部肌肤的透明感与亮度，则适合选粉红色或红色镜框。若同时搭配粉红色饰底乳或腮红级的打亮粉饼，则更能让这样的视觉效果升级。除此之外，粉红色或红色镜框也能让黑眼圈变得不显眼，因此是包包里不可或缺的单品之一。最重要的是，戴上这样的眼镜也能让人立即年轻三岁。

由于眼镜本身就具有特殊的性感魅力，因此脸妆若是过浓，反而会让性感的成分过多。对于眼镜美人而言，淡淡的眼妆与眉妆是取得整体视觉平衡的秘诀。

小颜秘技

在前面的单元中，我曾经提过大家追求的“巴掌脸”可利用胸口裸露范围及发型呈现。除此之外，包括刘海及耳环也都是能打造巴掌脸的秘技。接下来就为各位介绍几种可立即上手，且效果显著的方法。

首先是自然且呈现慵懒风的发型。刻意让头发呈现微乱，借此散发出自然的魅力。这时候的重点，在于轻轻盖在脸上的头发，也就是在侧脸未完全露出的状态下，强调出后颈与脸部轮廓，同时在头发自然包覆脸部的状态下，脸看起来就会小上两号。忧郁感加上诱人的可爱气息，可让美人度明显上升。由于黑发不易达到这样的效果，因此要事先染发或是稍微卷出卷度营造出空气感，这样就可顺利呈现出巴掌脸。

另外，也可将披肩卷起盖住下巴。除了小脸效果之外，宛如从一团皮毛中钻出小脸的可爱模样，也能使人感到心动。另一个推荐的技巧，就是利用加大上半身视觉感的方式，来提升整体的视觉平衡感。在春天时，可选择能让肤色变明亮的粉色系披肩，展现出轻柔托起脸蛋的感觉。

大耳环是打造时尚感时不可或缺的小脸道具。像是水晶灯般闪闪发亮的样式，或是长得像呼啦圈般的大圆耳环都有不错的小脸效果。特别是在头部摆动或走路时，耳环摇曳的样子真的非常吸引人，因此相当建议各位尝试。

墨镜是女人的
好朋友

墨镜是能提升女性气质的魔法道具。说到戴着大墨镜的迷人女性，大家都会想到贾姬。她的魅力之大，让我在选择墨镜时，心中都会先浮现出她的模样。墨镜所散发出的高雅魅力相当特别。更何况，已经没有其他饰品可像墨镜一般，给予女性如此多的帮助。

UV阻隔系数高的墨镜，可防止眼周及脸颊形成黑斑、皱纹以及预防脸部肌肤松弛，而且能让眼睛保有滋润度及透明感。在素颜想让脸部肌肤休息时，或是想一个人安静的时候，墨镜更是能让女人安心度过一天的好朋友。

要找到最适合自己的墨镜，唯一的方法就是试戴！基本上，圆脸的人适合四角形的镜框；本垒板形或四角形脸则适合带有圆弧线条的镜框；而脸较长的人则能用大墨镜来淡化脸的长度视觉，但最适当的选择法还是一副一副地仔细试戴。

如果是在墨镜专卖店，店员就会依照你自己的脸形、穿着风格及整体感觉来选择出最适合的墨镜。就让我们掌握墨镜的魔力，让自己变得更美、更有品位吧！

拥有就可变成美人的包包

拿包包的重点，在于包包与身高的比例。若是身体重心下降，会使整体造型质感下降，这时候就要记住利用包包，来防止视觉的重量感过度下降。

对于身材娇小的女性而言，背在上半身或尺寸较小的包包，是最适合的时尚单品。另外，也建议以肩背的方式背包包，不可用手提的方式提包包。另一方面，身高较高者虽然比娇小者更容易取得整体平衡，但还是要照镜子并仔细观察拿包包的方式并调整包包的背带长度。由于包包的使用法相当重要，因此只要站在连身镜前调整包包与身高和衣服的线条，其实就没有什么好怕了。

在时尚穿搭中，包包的拿法固然重要，**但能让任何人看起来都像个美人的包款其实是“手拿包[A]”。**这种包最厉害的地方，就是能让人自然地抱着，并散发出优雅的气息。近几年来，手拿包的外形及大小都出现许多选择与变化，因此在日常休闲、上班或是参加宴会时，都有不同的样式可选择搭配。无论是穿牛仔裤或是连身洋装，都适合搭配手拿包，而且只要一包在手，就能立即提升一个人的洗练度。我有许多男性朋友曾对我说：“光是拿着手拿包，看起来就像是个迷人的女人。”许多人都能在古董风饰品店找到可爱的包包，因此建议各位有空时也能到那样的店里逛逛。

A SANTI

The power of pearl

珍珠的威力

从小开始，每年生日妈妈都会给我一颗珍珠。今年，我收到了第 38 颗珍珠。因为数量不足，所以我还没办法串成珍珠项链，但这些提醒我尚未成为优雅女士的珍珠，却让我觉得爱不释手。

珍珠是一种不容易戴得好的饰品。只有内在也成熟的女人，才能戴出货真价实且高品质的珍珠质感。其实不只是珍珠，假货都会让女人显得廉价。正因为如此，珍珠才会成为全球女性不断追求的特殊珠宝。无论是哪种衣服，只要配上珍珠饰品，就可立即变得高雅。

建议各位一定要拥有古典风的 120 厘米珍珠项链与珍珠耳环。只要有一条 120 厘米的珍珠项链，就能让人展露出许多不同的风情，甚至能够卷在手腕上，呈现出一股简朴却高雅的气息。

纯白浑圆的可爱珍珠耳环，可让肌肤的质感变好，可说是能让人瞬间受优雅气息包围的魔法道具。若是另外准备只用一颗珍珠所做的纽扣状饰品或具有玩心的设计性珍珠饰品，将可让你在各种场合都能受到迷人的光芒所包围。大颗的珍珠充满时尚感，而小颗的珍珠则显得清纯可爱。

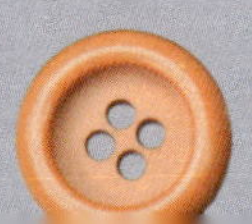

Megumi's

介绍妆点我每一天的可爱元素♥

FURIKAKE

F 鲜花绝对不可或缺。令人心动的鲜花，能将可爱的气息也传递给我♡　G 利用幸福的下午茶时光充电。压力可是肌肤最大的敌人。　H 朋友亲手为我制作、里面嵌有 M 字的蜡烛。散发出迷人香气的 Milena's Boutique。SEE BY CHLOE 的蜡烛。

M 让我变美的梳妆台♡光线柔和且充足的地方，是打造美人气息的秘诀。　N 乱翘的头发。多亏有 BEAUTRIUM 川畑健先生的魔法之手，让我的自然卷发能变得美丽动人♡　O 美妆品发表会会场。这是一个充满令女孩们心动与喜爱事物的世界。　P 二儿子亲手做的装饰品☆我的儿子们是最棒的艺术家。　Q 无论是哪个女孩，都是为了变美而来到这个世界的♡

令人爱不释手的 SANTI 手拿包。目前我拿来作为化妆包。

任何时候，发型都坚持蓬松感及营造不足感。特别是侧面头发落在与嘴唇同高的位置上，更是精心计算下的结果。

A “优雅地运用豹纹之毒”是我的坚持。这是在 Cher Shore 买的帽子。 B 儿子的运动会上。带着我从小学就使用的野餐篮与我最爱的相机 pen。 C 与爱犬 puff 合照。毛茸茸的造型是在中目黑的“dog man”剪的♡ D 编发变化是让女人变身为女孩的魔法。 E 和儿子们捡落叶玩。随时随地都要有一颗纯洁的心♡

I 我是个鞋痴♡高跟鞋最爱 8.5 厘米以上的鞋款。 J 帽子是重视缘分的时尚单品。只要是有缘的帽子，我一定会带回家。 K 带儿子到家附近的咖啡厅。将头发往上盘成一团的发型，是我最常用的发型之一。 L 美丽动人的 Christian Louboutin。我是为了双鞋而活?!

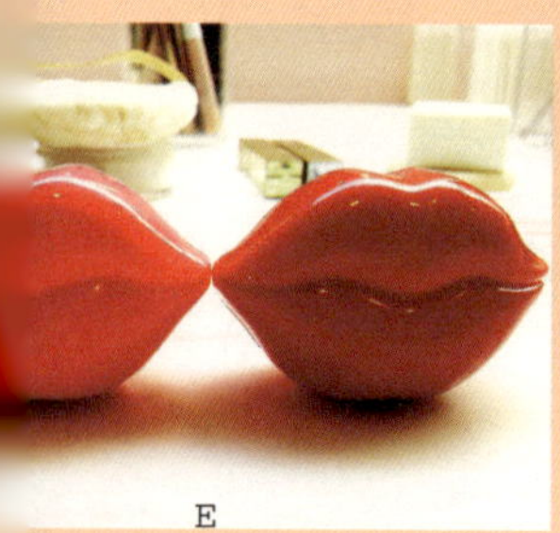

E 护唇膏可让双唇随时做好 kiss 的准备♡ F 自由变换头发的长度。偶尔利用鲍伯风来发挥不同的视觉感受。 G 手卷发丝并不需要特殊的技巧，就可打造出成熟又可爱的感觉♡ H 让女孩变美的玫瑰。玫瑰造型蜡烛。

M 我爱纯净感。无论是珠宝、唇蜜或是指彩！透明感可让女孩看起来变得更美。 N 可爱的分身。看起来比本尊还要纤细的长腿正妹。 O 在我最爱的夏威夷。我喜欢夏威夷的海风与空气。有趣的是，这里会让人欲望全失，简直是个排心毒的好地方。 P 我爱酒♡和最喜欢的人喝美味的酒。这最 best。 Q 儿子衣物口袋上绣的 “THANK YOU” 。希望儿子们能带着一颗感恩的心长大。

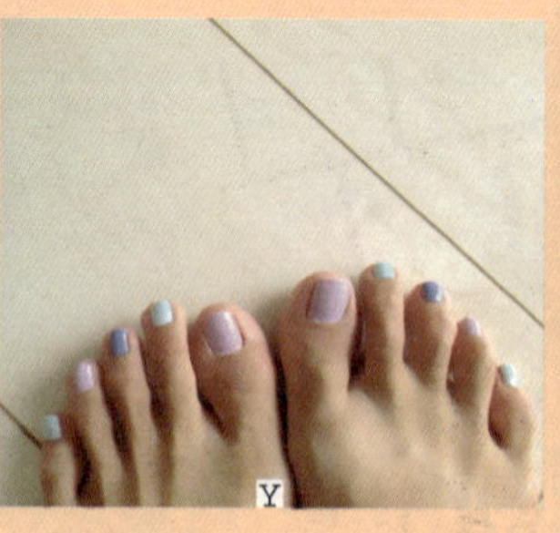

V 背影可显现女人的本性。记得正面与背面都用心，做个 360 度都美美的女人。 W 模仿我最爱的法国女星。轻蓬上盘的发型搭配芭蕾舞鞋、竹编篮……对于心仪的事物，就先通过模仿的方式学习。 X 我最爱打开化妆品外盒的那一瞬间。那是个充满美的瞬间。 Y “前端”必须经常维持美的状态。就连脚指甲也要上指彩。深红色可打造出活泼热情的好女人。

Megumi's FURIKAKE

A

B

C

A 像座小花园般的花儿们。一心想着要变成可爱的女孩子……♡在我最爱的 Country Harvest 购入。 B 我爱珠宝。闪闪发亮是女孩们永远的最爱。偏大的饰品也能 get 小脸效果♡ C Yves Saint-Laurent 的鞋子。高跟鞋具有让脚变长且增添时尚感的效果。美鞋可为人带来自信。 D 工作与约会之外我都会戴眼镜。我喜欢眼镜散发的魅力。我最爱的是 TomFord 的黑框眼镜。

I

J

K

I 平时我主张让珠宝与肌肤融为一体，但有时为了强调时尚感，我会使用视觉冲击力强的饰品。 J 缝有古董风蕾丝的化妆包，是我的个人创作♡塞满美丽魔法的化妆包，就应该要显得迷人♡ K 雅诗兰黛的口红当中，藏有让人变美的神奇咒语。 L 我会经常仰望天空。那些讨厌的事与难过的事，只要抬头仰望天空就可忘记。因为我总是告诉自己："天空如此美丽，我一定能过得幸福。"

R

S

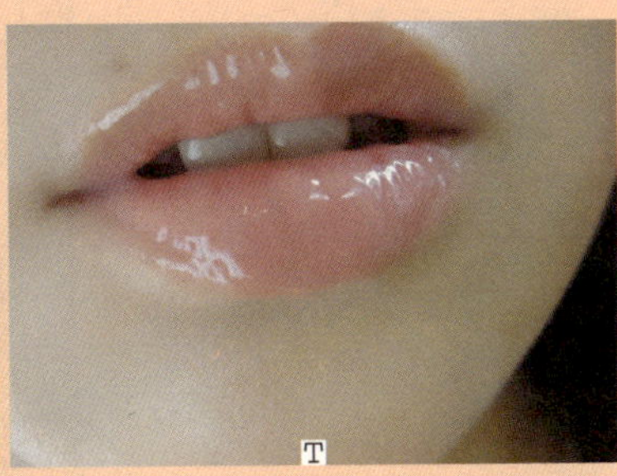
T

R 能够打造美肌的玫瑰果茶。只要将红茶或咖啡换成玫瑰果茶，黑斑也会悄悄变淡哦♡ S 复活的最爱♡蝴蝶结。无论长到多大，都要带着一颗会对可爱事物心动的少女心。 T 我相当重视滋润感。丰润且带有透明感的双唇，是令人难以忘怀的绝佳武器。 U 我的最爱。就连香水也要选择玫瑰花香调。

message

女孩总是向往成为美人

我一直希望自己能够当一位美人。

不过我不仅个头小，而且有肤色偏黑及头发自然卷等问题。别说当个美人了，我连自己都不喜欢我自己。看着漂亮的朋友及女艺人，我只能把自己的羡慕与嫉妒深埋心底。

在这样的自卑感之下，我开始埋首于美容的世界。过去的我一度狂买高价保养品，并且过着每天到护肤中心报到的日子。不过那样子逼迫自己所呈现的美，其实只是一种人造美，距离“真正的美”还相当地远。

在我彻底观察并研究我身边的美人之后，我发现了一些共同点。这些共同点，就是美人们身上所具备的几个美人要素。

大眼、挺鼻、秀发、巴掌脸、纤细的四肢，这样的“美人定义”其实并不正确。真正的美并非是矫正自己的外形，而是要确实了解自己，并用心让自己看起来变美。自然、未加工、新鲜且带有温度的美才是最重要的条件，只要将这些条件与自己融合，就可打造出专属自己的特殊美感。高挑的身材及大大的双眼，并非是成为美人的必备条件。只有拥有积极乐观的态度，并面对自己且不断展现魅力，才能打造出令人心动的美人。比起以前天天跑美容中心，我能自信地说，现在的我要美丽许多。真正的美，其实要靠自己努力才能获得。

即便只有一个也好，只要有个能让自己乐在其中的契机，你就能过得开心。

衷心且真诚地感谢每一位阅读这本书与平时支持我的朋友。

谢谢各位。

最后感谢中野编辑与矢部设计师，有了两位的爱，这本书才能变得如此美丽动人。另外还有大力支持我的谷口、坂口及川岸，若是没有各位的爱心与协助，我是无法写出这本我的第六部个人著作的。最后，也把爱献给我最爱的儿子们与父母。

Megumi
Kanzaki

SPECIAL
THANKS
Designer:Azusa Yabe
Photographer:Kosuga Desuga
THANKS AMI NAKANO

图书在版编目（CIP）数据

二度美人 / （日）神崎惠著；郑世彬译. — 北京：北京联合出版公司，2015. 7

ISBN 978-7-5502-5252-3

Ⅰ. ①二… Ⅱ. ①神… ②郑… Ⅲ. ①女性—修养—通俗读物 Ⅳ. ①B825-49

中国版本图书馆CIP数据核字（2015）第091621号

北京市版权局著作权合同登记 图字：01-2015-2144

二度美人

作　　者：（日）神崎惠
译　　者：郑世彬
责任编辑：管　文
产品经理：冷　婷
特约编辑：胡瑞婷
封面设计：张　二

北京联合出版公司出版
（北京市西城区德外大街83号楼9层　100088）
三河市嘉科万达彩色印刷有限公司印刷　新华书店经销
字数：125千字　787毫米×1092毫米　1/32　印张：7.25
2015年7月第1版　2015年7月第1次印刷
ISBN：978-7-5502-5252-3
定价：32.80元

本书若有质量问题，请与本公司图书销售中心联系调换。电话：010-82069336

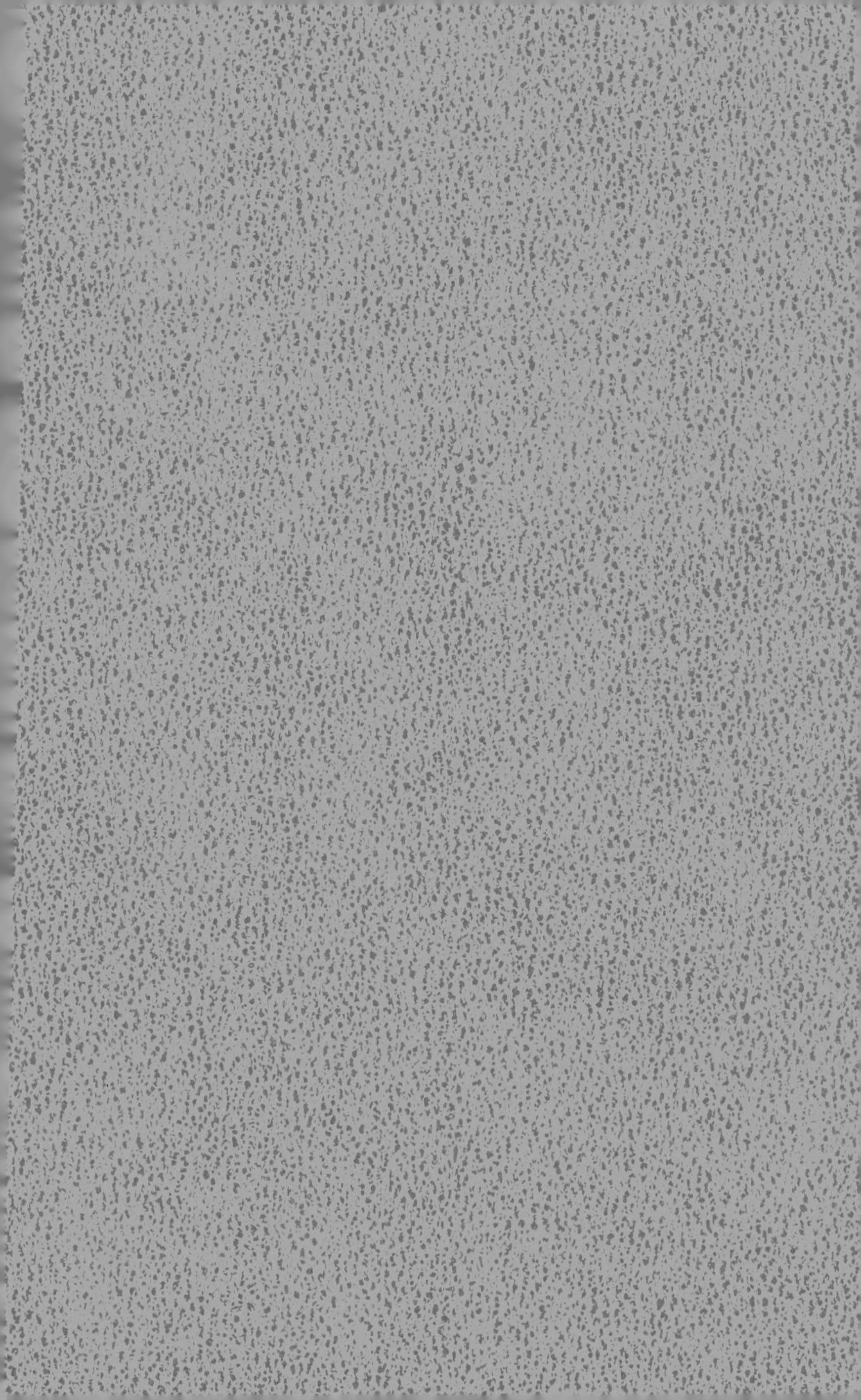